집 밖을 나서면 보이는 식물 01

꼬리에 꼬리를 무는 풀 이야기

집 밖을 나서면 보이는 식물 01

꼬리에 꼬리를 무는 풀 이야기

초판 1쇄 발행일 2018년 4월 13일
초판 2쇄 발행일 2019년 5월 3일

지은이 유기억
펴낸이 이원중

펴낸곳 지성사 출판등록일 1993년 12월 9일 등록번호 제10-916호
주소 (03458) 서울시 은평구 진흥로 68(녹번동) 2층
전화 (02) 335-5494 팩스 (02) 335-5496
홈페이지 www.jisungsa.co.kr 이메일 jisungsa@hanmail.net

ISBN 978-89-7889-391-6 (04480)
978-89-7889-390-9 (세트)

이 도서의 국립중앙도서관 출판예정도서목록(CIP)은 서지정보유통지원시스템 홈페이지
(http://seoji.nl.go.kr)와 국가자료공동목록시스템(http://www.nl.go.kr/kolisnet)에서
이용하실 수 있습니다. (CIP제어번호: CIP2018010368)

꼬리에 꼬리를 무는 풀 이야기

들어가는 글

산 정상에서 내려다보는 도심의 모습은 온통 아파트와 도로로 가득 차 있다. 빽빽하게 들어선 건물들을 보면 사람들을 제외하고 아무런 생물도 살 것 같지 않아 보인다. 그나마 군데군데 보이는 녹색의 공원과 작은 산 덕분에 숨통이 조금 트이는 것 같다. 하지만 세파에 시달려 어지러운 마음을 편안하고 깨끗하게 하기에는 어림없다. 그렇다면 이런 곳에서는 마음의 휴식과 즐거움을 찾을 수 있는 방법이 전혀 없는 것일까? 아니다. 굳이 먼 교외로 나갈 필요도 없다. 그냥 집 밖이나 아파트 단지 안의 화단이라도 좋다. 다양한 삶을 살아가는 식물들을 만나보자. 산책로 주변의 화초들, 보도블록 틈새를 비집고 올라온 이름 모를 풀들과 나름의 자태를 뽐내고 있지만 아무 관심조차 받지 못하고 있는 들꽃들. 제각기 다른 모습이지만 자세히 들여다보면 끈질기게 살아가고 있는 식물들의 숨결을 느낄 수 있다.

이 책은 이런 것에 기초하여 만들어졌다. 집을 나서면 주변에서 흔히 만날 수 있는 여러 가지 식물의 이름과 특징을 알아보며 잠시 쉬어가는 여유를 가져 보자는 것이다. 그래서 딱딱한 식물도감식 설명이 아닌, 편하게 읽을 수 있는 식물에 관한 이야기와 직접 찍은 450여 장의 다양한 식물 사진을 함께 실어 이해하기 쉽도록 구성하였다.

이 책을 쓰려고 마음먹은 지난 3~4년 동안 걸어서 출근하는 날이 많았다. 그럴 때면 좀 더 다양한 곳을 보려고 일부러 빙 돌아가는 길을 선택했던 적도 있다. 운전을 하다가도 꽃이 피어 있는 식물을 보면 차를 세우고 연신 카메라 셔터를 눌러댔다. 비록 우리나라 전국을 대상으로 하지는 못했지만 이 책에 소개된 63종류의 식물은 도심 어디에서나 볼 수 있는 대표적인 것들로 간추렸다. 다만 잔디나 코스모스같이 누구나 알 수 있는 것들은 제외하고 사람들에게 잘 알려지지 않은 토종식물과 외래식물을 다수 포함하고자 노력했다.

그동안 수집해온 방대한 자료 속에서 이 책에 꼭 필요한 자료를 찾고 정리하는 데에는 식물분류학 연구실 학생들의 도움이 컸다. 아울러 집필 소식을 듣고 직접 찍은 귀한 식물의 사진을 흔쾌히 보내준 제자들도 있었다. 모두 감사할 따름이다.

끝으로 이 책이 식물을 통해 조금이나마 마음의 여유를 갖는 데 도움을 줄 수 있는 책으로 남게 되길 희망하며, 책이 나오기까지 갖은 노력을 아끼지 않으신 지성사 이원중 사장님과 직원들께 감사의 말씀을 전한다.

3월의 어느 길목에서 유기억

일러두기

이 책의 식물 배열 순서는 꽃이 피는 시기를 따랐다. 본문의 내용은 해당 식물을 처음 만났을 때의 느낌과 싹이 튼 후 열매를 맺기까지의 모습, 비슷한 종류와 구별되는 점, 이름의 유래, 쓰임새 등을 중심으로 하였다.

그리고 되도록 집 근처나 산책로 주변에서 만날 수 있는, 아주 흔하되 잘 알려지지 않은 식물들을 대상으로 하였다. 다음의 '용어 풀이'는 식물학에서 쓰이는 용어가 주로 한자어로 된 전문어라 이 책의 내용을 이해하는 데 도움이 되기를 바라는 뜻에서 식물분류학 용어를 되도록 쉬운 말로 풀이하였다.

* 용어 풀이

강모(剛毛, bristle): 곧고 빳빳하며 뾰족한 털

개방화(開放花, chasmogamous flower): 다른 꽃과의 수정을 위해 꽃잎이 열리는 꽃의 형태

경성(傾性, nasty): 식물에 자극을 주었을 때 자극의 방향과 상관없이 일부 기관이 일정한 방향으로 운동을 일으키는 성질. 잎의 상하운동과 꽃의 개폐운동이 대표적인 예

골돌(蓇葖, follicle): 박주가리처럼 하나의 암술로 구성되며 봉합선을 따라 열리는 열매

관모(冠毛, pappus): 국화과 식물의 꽃받침이 까락, 인편 또는 강모로 변형된 형태로 씨의 위쪽 끝부분에 나는 털

관상화(管狀花, tubular flower): 줄기 끝에 꽃이 달려 두상꽃차례를 만드는 관 모양의 꽃

괴경(塊莖, tuber): 감자나 마처럼 다육질로 비대해진 땅속줄기

귀화식물(歸化植物, naturalized plant): 인위적 또는 자연적으로 들어와 자연 생태계에서 도태되지 않고 자력으로 토착하여 나름대로 공존하면서 살아가는 외래식물

근엽(根葉, radical leaf): 뿌리에서 처음 나오는 잎으로, 땅 위에 줄기가 없는 종류의 잎은 모두 근엽이며, 근생엽이라고도 함. 뿌리잎

꽃받기(花托, receptacle): 꽃을 구성하는 요소들이 붙어 있는 꽃줄기의 끝

꽃받침(萼, calyx): 잎이 변형되어 만들어진 기관으로 꽃의 가장 바깥 부분에 위치함

꽃부리(花冠, corolla): 꽃잎을 총칭하여 부르는 말로, 꽃받침 안쪽에 위치함

꽃뿔(距, spur): 제비꽃이나 현호색의 꽃처럼 꽃 뒤쪽이 원통형으로 둥글거나 뾰족한 돌출 부분으로, 꽃받침이나 꽃잎에서 발달하며 안쪽에 꿀샘이 들어 있음

꽃차례(花序, inflorescence): 꽃이 꽃줄기에 달리는 순서로, 한자어는 '화서'

다육식물(多肉植物, succulent plant): 잎이나 줄기에 저장 조직이 발달하여 수분이 많은 식물

단성화(單性花, unisexual flower): 꽃의 필수 기관인 수술과 암술을 모두 갖추지 않고 한 가지만으로 이루어진 꽃

단엽(單葉, simple leaf): 하나의 잎몸으로 이루어진 잎

두상화(頭狀花, capitulum): 국화과의 꽃처럼 복합꽃받기 위에 꽃자루가 없거나 꽃자루가 작은 꽃들이 무리 지어 있는 상태

로제트형(rosette): 잎이 땅에 붙어 있는 중앙부에서 방사상으로 배열된 상태의 모양

무한꽃차례(無限花序, indeterminate inflorescence): 꽃이 꽃줄기 아래쪽에서부터 달려 위쪽으로 가면서 피는 꽃차례

방사상칭(放射相稱, radial): 방사상으로 대칭을 이룬 상태. 3개 이상의 대칭축이 존재함

방추형(紡錐形, fusiform): 더덕의 뿌리처럼 정중앙이 굵고 끝으로 갈수록 가늘어지는 모양

배봉선(背縫線, dorsal suture): 씨방 벽에서 심피의 뒤쪽으로 뻗는 관다발이 흐르는 부분

배상화서(杯狀花序, cyathium): 암술과 수술이 각각 1개로 된 하나의 암꽃과 여러 개의 수꽃이 술잔 모양의 화탁. 즉 꽃받기 안쪽에 달리는 꽃차례

복엽(複葉, compound leaf): 잎몸 하나가 갈라져 2장 이상의 작은 잎(소엽)으로 이루어진 잎. 겹잎

분과(分果, mericarp): 씨를 완전히 감싸고 있는 단위로, 씨방에서 기원하지만 서로 분리되어 있는 열매의 구성 요소

삭과(蒴果, capsule): 합쳐진 심피의 씨방이 성숙해서 만들어진 열매 형태로, 익으면 껍질이 벌어져 씨가 드러남

산방화서(繖房花序, corymb): 꽃줄기 끝이 거의 같은 높이로 자라고, 꽃이 가운데 쪽을 향해 피어 들어가는 꽃차례

산형화서(傘形花序, umbel): 길이가 거의 같은 꽃자루들이 동일한 지점에서 우산 모양을 이루는 꽃차례

살눈(肉芽, bulbil): 주아(珠芽)라고도 하며 변형된 눈의 일종. 땅에 떨어져 무성적으로 새로운 개체를 만드는 눈

생식줄기(生殖莖, reproductive stem): 포자주머니를 매달고 있는 줄기로, 쇠뜨기가 대표적인 예

선모(腺毛, glandular trichome): 끝에 분비샘이 발달하여 둥글게 변형된 돌기가 있는 털. 샘털

설상화(舌狀花, ligulate flower): 두상화를 구성하는 꽃의 일종으로, 화관이 혀 모양의 꽃

성상모(星狀毛, stellate trichome): 여러 갈래로 갈라진 별 모양의 털

소엽(小葉, leaflet): 복엽을 구성하는 각각의 작은 잎

수과(瘦果, achene): 성숙해도 열리지 않고, 껍질은 가죽이나 나무처럼 질기며 안쪽에 1개의 씨만 들어 있는 열매 형태

수꽃(雄花, staminate): 수술만 있는 꽃

수면운동(睡眠運動, nyctinasty): 밤낮의 빛이나 온도 같은 외부 자극으로 일어나는 잎이나 꽃잎 등의 운동에 의한 위치 변화 현상

수상화서(穗狀花序, spike): 길고 가느다란 꽃대에 작은 꽃자루가 없는 꽃이 다닥다닥 붙어 있는 꽃차례. 보리나 질경이가 좋은 예

수술(雄蕊, stamen): 꽃잎 바로 안쪽에 위치하며 꽃가루가 들어 있는 꽃밥주머니와 꽃밥자루로 이루어진 수술군의 구성 요소

순판(脣瓣, labellum): 주로 꽃의 정중앙에 있는 꽃잎, 꽃받침 조각 또는 화피 조각의 변형인 입술 모양의 형태로, 난초과 식물에서 잘 발달되어 있음

씨방(子房, ovary): 꽃에서 수정하기 전 어린 종자인 배주를 포함하는 암술의 구성 요소

암꽃(雌花, pistillate): 암술만 있는 꽃

암술(雌蕊, pistil): 씨방, 1개 이상의 암술대, 그리고 1개 이상의 암술머리로 이루어진 암술군의 구성 요소

양성화(兩性花, bisexual flower): 꽃의 필수 기관인 수술과 암술을 모두 가지고 있는 꽃

엽설(葉舌, ligule): 벼과 식물에서 볼 수 있는 줄기를 감싸는 엽초 위쪽 부분에 달리는 돌기 또는 돌출물. 잎혀

엽침(葉枕, pulvinus): 잎자루 또는 작은 잎자루의 아래쪽이 부풀어 있는 부분. 식물의 운동과 관련 있음

영과(穎果, caryopsis): 열매 껍질과 씨가 밀착되어 떨어지지 않고 종자는 1개씩만 들어 있는 열매의 형태. 벼과 식물에서 볼 수 있음

영양줄기(營養莖, vegetative stem): 고사리 종류에서 포자를 맺지 않는 잎이나 줄기로만 구성된 기관. 쇠뜨기가 대표적인 예

우상복엽(羽狀複葉, pinnately compound leaf): 복엽을 구성하는 작은 잎이 중앙 축, 다시 말하면 엽축을 따라 마주나거나 어긋나며 달리는 형태

원추화서(圓錐花序, panicle): 꽃자루가 작은 꽃들이 여러 개로 갈라진 가지에 달리는 무한꽃차례의 한 종류

유액(乳液, latex): 유액관에서 분비되는 식물액. 초식을 방해하거나 식물 조직을 상처에서 보호하는 역할을 함

윤생화서(輪生花序, vertical): 꽃이 달리는 꽃대 마디마다 꽃이 돌아가며 피는 복합꽃차례

이저(耳底, auriculate): 잎의 밑부분이 귀처럼 양쪽으로 처진 형태

인경(鱗莖, bulb): 양파처럼 다육질의 잎으로 둘러싸인 짧은 땅속줄기

인편(鱗片, scale): 눈이나 땅속줄기 또는 사초과 식물의 수상꽃차례에 달리는 비늘 모양의 작은 조각

잎집(葉鞘, leaf sheath): 잎 또는 잎자루 기부가 완전히 또는 부분적으로 줄기를 감싸고 있는 형태. 벼과와 산형과에서 볼 수 있음

자가수정(自家受精, autogamy): 같은 꽃 또는 같은 개체의 꽃가루로 이루어지는 수정

자모(刺毛, stinging hair): 쐐기풀처럼 털 속에 쏘는 성질의 물질을 분비하는 샘이 있는 털

주맥(主脈, mid vein): 잎몸 가운데로 뻗는 유관속이 가장 큰 맥

지피식물(地被植物, ground cover plant): 식물체가 토양을 덮으면서 자라나 바람이나 비로 인한 토양 유실의 피해를 방지해주는 식물

지하경(地下莖, rhizome): 땅속에서 수평으로 기면서 자라는 줄기. 땅속줄기

총상화서(總狀花序. raceme): 등나무나 벼처럼 긴 꽃대에 꽃자루가 작은 꽃들이 달리지만 가지를 치지 않는 꽃차례

총생(叢生, fasciculate): 줄기 등이 한곳에서 2개 이상씩 모여 자라는 상태

총포(總苞, involucre): 꽃이나 꽃줄기를 받치고 있는 잎 모양의 보호조직

총포편(總苞片, involucral bract): 꽃이나 꽃줄기를 받치고 있는 보호조직인 총포를 구성하는 각각의 조각

취산화서(聚繖花序, cyme): 꽃줄기의 가장 가운데에 있는 꽃이 먼저 핀 다음 주변의 꽃들이 피는 꽃차례

측판(側瓣, lateral petal): 제비꽃을 구성하는 5장의 꽃잎 중 4시와 8시 방향으로 비스듬히 나 있는 꽃잎. 옆 꽃잎이라고도 함

타가수정(他家受精, allogamy): 다른 개체의 꽃가루로 이루어지는 수정

탄사(彈絲, elater): 선태식물이나 속새속(*Equisetum*) 식물에 달려 있어 포자를 널리 퍼뜨리는 역할을 하는 기관

턱잎(托葉, stipule): 잎자루 기부 양쪽에 쌍으로 달려 있는 잎 모양의 구조로, 엽침이나 선점으로 변형되기도 함

통상화(筒狀花, tubular corolla): 화관이 통 모양인 합판화의 한 종류. 국화과의 관상화가 좋은 예

팽압운동(膨壓運動, turgor movement): 식물의 운동기관인 엽침과 그 밖의 운동 부위에서 운동세포의 팽압 변화로 일어나는 운동

평행맥(平行脈, paralleled veined): 잎의 가장 아래에서 끝까지 거의 평행하게 뻗은 잎의 맥

폐쇄화(閉鎖花, cleistogamyous flower): 꽃잎이 열리지 않은 상태로 한 꽃 안에서 수정이 일어난 후 열매를 맺는 꽃

포(苞, bract): 변형되어 퇴화된 잎으로 속씨식물에서는 꽃이나 꽃줄기 주변에 존재

포복경(匍匐莖, stolon): 길게 옆으로 뻗어가며 생장하는 줄기. 마디 사이가 길고 끝에서 새로운 개체가 뿌리를 내림, 기는줄기

포복형(匍匐形, repent): 옆으로 기거나 평평하게 누워 있는, 그리고 마디에서 뿌리를 내리는 형태

포영(苞穎, glume): 벼과 식물의 작은 꽃 이삭 밑에 나 있는 1쌍의 보호 잎

포자(胞子, spore): 반수체 세포. 육상식물에서는 포자낭 내 포자모세포의 감수분열로 만들어지며 배우자체로 자람

포자낭(胞子囊, sporangium): 포자체에서 포자를 만들어내는 기관

포자엽(胞子葉, sporophyll): 1개 이상의 포자낭을 가지고 있는 특수화된 잎

하순(下脣, lower lip): 난초과 등 입술 모양의 꽃 구조를 가지는 종류 중에서 아래로 향하는 하나의 꽃잎

호영(護穎, flowering glume): 벼과의 꽃을 구성하는 보호기관인 포를 의미하며, 대부분 2장으로 구성되는데 화영(花穎)이라고도 함. 안쪽 것은 내화영, 바깥쪽은 외화영이라고 함

화피(花被, perianth): 꽃에서 꽃받침과 꽃잎을 합친 명칭

차례

들어가는 글

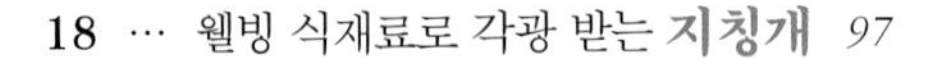

기나긴 겨울이 지나고 봄이 찾아오면 주변의 산이나 시냇가에는 생동감이 넘친다. 멀리서는 새들의 울음소리가 들리기도 하고, 땅속의 들풀들은 싹을 틔우고 줄기를 만들기 위한 준비운동이 한창이다. 겨우내 추위로 움츠리고 있었던 나무들도 겨울눈 껍질을 벗고 메마른 가지에 따뜻한 햇살 맞을 준비를 한다.

사람도 마찬가지다. 가족들이 모두 모여 봄맞이 대청소를 하는 것이다. 집안 구석구석 쌓인 묵은 먼지를 털어내고 유리창도 깨끗하게 닦으며 집안을 재정비한다. 1~2시간 집안일을 하다 보면 으레 시장기가 도는 법! 이런 날 단골 메뉴는 배달 시킨 짜장면과 탕수육이다. 1년에 몇 번밖에 맛볼 수 없는, 세상에서 가장 맛있는 짜장면일 것이다.

청소가 끝나면 가족들은 밖으로 나갈 준비를 한다. 상쾌해진 기분을 좀 더 즐기자는 의미에서일 것이다. 거리는 이미 앞서 나온 사람들로 왁자지껄하지만 잠시만 주변을 가만히 살펴보면 어느 순간 눈에 들어오는 아름다운 모습들이 있다. 푸나무, 즉 풀과 나무다. 자연히 거리에서 나고 자랐든지, 조경용으로 일부러 심어놓았든지 간에 계절과 더불어 항상 우리 눈을 즐겁게 해주는 멋진 친구들. 이맘때 가장 먼저 눈에 들어오는 것은 꽃마리다.

1

봄을 알리는 전령사 꽃마리

봄소식이 한창 들려오는 시기가 되면 식물들은 이때를 기다렸다는 듯이 서로 먼저 꽃을 피우느라 경쟁을 한다. 겨우내 꽁꽁 얼어붙었던 눈을 뚫고 나온 복수초, 버들강아지로 불리는 버드나무 종류의 꽃, 다양한 색깔의 노루귀 꽃 등이 대표적이라 할 수 있는데, 저만치 아무도 찾아주지 않는 곳에서 묵묵히 봄을 준비하는 식물도 있다. 바로 꽃마리다. 꽃마리는 다 자라도 어른 손으로 한 뼘 정도밖에 안 되지만 이른 봄에는 불과 손가락 몇 마디에 지나지 않아 자세히 봐야 비로소 보이는 식물이다. 줄기 아래에서부터 가지를 치기 때문에 줄기 여러 개가 한꺼번에 나온 것처럼 다소 복잡해 보일 수도 있지만 그래도 가지 하나하나가 제 역할을 충분히 한다. 뿌리 주변에 둘러난 줄기에 붙어 있는 주걱 모양의 잎은 털이 보송보송한 것이 마치 예쁜 방석처럼 보인다.

이처럼 크기도 작고 눈에 띄는 특징도 적어 아무도 찾을 것 같지 않은

꽃마리 뿌리잎

꽃마리 잎

꽃마리지만 몇 밀리미터에 지나지 않은 이 꽃을 들여다보고 있으면 황홀할 정도로 아름답다. 색깔도 연한 하늘색이어서 붉거나 흰색이 대부분인 우리나라 식물의 꽃 색깔과는 대조적이다. 언젠가 꽃 사진을 찍으려고 꽃마리 앞에 앉아 불어오는 봄바람과 싸운 적이 있다. 꽃이 작고 연약하니 작은 바람에도 흔들림은 수없이 반복되었고, 시간이 지나면서 마치 인내심을 시험 받는 듯 고통은 더해만 갔다. 그러나 촬영한 사진을 컴퓨터에 저장한 뒤 클릭하는 순간, 화면 가득 보이는 꽃마리의 모습은 장미나 백합이 부럽지 않을 정도로 아름다웠다. 그날의 고생을 인내한 보상을 받은 것 같아 하루 종일 기분이 좋았더랬다.

꽃마리는 꽃이 달리는 꽃차례의 모습도 특이하다. 마치 사마귀나 메뚜기의 배 속에 연가시가 똬리를 틀고 있듯이 위쪽이 스프링처럼 말린 모양이다. 꽃은 꽃줄기 밑에서부터 피기 시작해 위쪽으로 가면 꼬여 있던 부분이 펼쳐지면서 새로운 꽃이 연속해서 핀다. 이런 형태는 꽃줄기가 계속 자라면서 한정 없이 꽃이 달리기 때문에 무한꽃차례[無限花序]라 한다. 그러

꽃마리 꽃차례 (© 정정화)

꽃마리 꽃

다 보니 이른 봄 식물이라고는 하지만 꽤나 오랜 기간 동안 꽃을 볼 수 있고 줄기도 계속해서 자라는 것처럼 보인다. 이렇게 이른 봄부터 시작된 꽃마리의 변화무쌍한 변화는 7~8월까지도 계속되므로 사실상 봄 식물이라는 분류가 무색하다.

한편, 꽃마리의 성숙한 열매는 꽃받침에 싸여 있어 잘 보호되는데, 끝없이 피는 꽃에서 쏟아져 나오는 씨앗들은 싹을 틔운 뒤 두 해에 걸쳐 완성되는 생활주기 때문인지 햇빛이 비치는 곳이면 여지없이 이들을 만날 수 있다. 그만큼 많은 개체를 만들어낸 원동력이 바로 여기에 있는 것 같다. 꽃마리의 학명은 *Trigonotis peduncularis*이다. 속명 *Trigonotis*는 '삼각형'을 뜻하는 trigonos와 '귀'를 가리키는 ous의 합성어인데, 열매의 형태를 가리키는 듯하다. 종소명 *peduncularis*는 '꽃줄기'를 의미한다. 꽃마리라는 우리 이름도 시계태엽처럼 말려 있는 꽃줄기를 표현한 것이다.

우리나라에서 볼 수 있는 꽃마리 종류에는 꽃마리 이외에, 줄기가 자라는 모습이나 잎과 꽃의 크기 등으로 구별하는 참꽃마리, 덩굴꽃마리, 거센

참꽃마리 꽃차례

참꽃마리 꽃 (© 지성사)

털꽃마리 등 4종류가 있다. 이 중 우리나라에 비교적 널리 분포하는 참꽃마리가 꽃마리와 형태가 비슷한데, 주로 습지에 나고 꽃줄기가 말리지 않으며 줄기가 땅으로 뻗으면서 자라 꽃마리와 구별된다. 꽃마리는 지방에 따라 '잣냉이', '꽃따지', '꽃말이'라고 부르기도 하며, 민간에서는 어린순을 나물로도 이용한다.

꽃마리 군락을 보고 있으면 마치 낚시터에 앉아 고기가 낚이기를 기다리는 강태공이 된 것 같은 느낌이 든다. 큰 고기가 걸렸다면 잘 말려 있는 꽃줄기를 금방이라도 펼치면서 달아날 것 같다. 그럴 때 바람이라도 불면 그 느낌은 배가 될 것이다. 꽃마리 주변으로 털과 꽃 색깔이 예쁜 꽃다지가 보인다.

복수초

갯버들 수꽃(버들강아지)

노루귀

2

노란색 꽃, 매력의 꽃다지

도대체 어디 숨어 있다가 이렇게 한꺼번에 나오는지, 꽃다지가 나타나면 다른 봄꽃들은 이내 숨을 죽이며 피해 다니는 느낌이 든다. 길가나 화단 주변이 온통 꽃다지로 덮이기 때문이다. 우후죽순(雨後竹筍)처럼 말이다. 줄기가 올라오기 전 처음에는 스펀지처럼 푹신푹신한 털이 수북한 잎들이 보인다. 그 정도로 털이 많다는 뜻인데, 해부 현미경으로 들여다보면 털끝이 별 모양처럼 생겨 성상모(星狀毛)라고 불리는 털로 뒤덮여 있다.

성상모는 한 지점에서 여러 개의 가지를 치는 형태로, 자루가 있는 것은 약간 튀어나온 것 같지만 자루가 없는 것은 가지나 줄기에 붙어 있는 것처럼 보인다. 같은 과에 속하지는 않지만 보리수나무과의 왕보리수나무, 때죽나무과의 쪽동백나무 또는 아욱과의 황근이나 부용에서도 성상모를 볼 수 있다.

꽃다지 군락

여러 장의 잎이 방석 모양으로 돌려나 자리를 잡고 나면 어느새 줄기가 올라온다. 높이가 어린아이 손 한 뼘 정도 되는 줄기에도 잎처럼 털이 많은 것은 마찬가지인데, 봄바람이 불면 하늘거리며 흔들리는 모습이 잔잔한 클래식 음악을 생각나게 한다.

꽃다지의 꽃은 십자 모양으로 꽃잎 4장이 배열되어 있는 구조이다. 이

꽃다지

꽃다지 뿌리잎

꽃다지 열매 (© 지성사)

꽃다지 꽃차례 (© 지성사)

런 꽃을 가진 종류를 통틀어 십자화과(Cruciferae)라고 한다. 흔히 볼 수 있는 냉이는 물론, 식탁에서 자주 만나는 무, 배추, 겨자, 양배추, 브로콜리, 순무, 또 최근에 분자생물학의 연구 재료로 많이 사용되는 애기장대도 여기에 포함된다. 십자화과의 또 다른 특징은 글루코시노레이트(glucosinolate)라는 물질을 가지고 있다는 것이다. 이 물질은 다른 생물의 초식과 기생을 막아주고, 브로콜리와 겨자 등 향이나 매운맛을 나게 하는 주성분으로 작용한다.

다시 꽃다지로 돌아가면, 꽃다지의 꽃잎은 넓은 주걱 모양으로 4장이 사이좋게 배열되어 있다. 꽃마리처럼 꽃줄기 아래에서부터 위로 올라가며 꽃이 피기 때문에 크기는 작지만 노란색 꽃 여러 송이를 한꺼번에 볼 수 있다. 열매는 1~2센티미터 정도로 막대기처럼 길고 편평한데, 안쪽에는 갈색 껍질의 작은 씨가 여러 개 들어 있고 겉에는 전체적으로 털이 나 있다. 가장 먼저 핀 꽃이 열매를 맺고 성숙해져 씨가 밖으로 튀어 나가는 시기가 되면 꽃줄기에서 열매, 씨, 꽃 등 생식기관 전체를 만날 수 있다. 시기가 좀 지나면 열린 열매 안쪽의 흰색 막이 보여 조금은 지저분한 느낌이 들기도 한다. 하지만 자신의 역할을 다했다면, 산란을 끝낸 연어가 쓸쓸히 죽어가는 모습이 행복해 보이는 것처럼 꽃다지도 멋진 모습으로 봐줄 수 있을 것 같다.

꽃다지의 학명은 *Draba nemorosa*이다. 속명 *Draba*는 '맵다'는 뜻의 그리스어 draba에서 유래했고, 종소명 *nemorosa*는 숲속에 산다는 뜻이 있어 꽃다지 자생지와는 다소 차이가 있다. 우리나라에서 자라는 꽃다지는 4종류가 있는데 털의 유무, 꽃의 색깔, 줄기에 가지를 치는지의 여부에 따라 구별된다. 꽃다지와 형태적으로 가장 비슷한 종류는 민꽃다지인데 열매에 털이 없어 구별된다.

꽃다지라는 우리 이름의 유래는 알려진 것이 없다. 하지만 지방에서는 꽃다지를 '꽃따지' 또는 '코딱지나물'이라 부르기도 하여 아마도 꽃이나 식물체 전체가 작다는 것을 표현한 것이 아닌가 싶다. 민간에서는 어린순을 나물로도 이용한다.

꽃다지는 어디서나 흔하게 만날 수 있는 것으로 보아 부지런한 식물임이 틀림없다. 또 노란 꽃다지의 꽃은 봄 하면 생각나는 병아리의 털 색깔을 닮아 더 친근하게 느껴진다. 길 주변 양지쪽으로 보라색이 매혹적인 제비꽃이 있다.

3

다산의 상징 제비꽃

강남 갔던 제비가 돌아올 때쯤 꽃이 핀다 하여 붙인 제비꽃이라는 이름은 전래동화인 흥부와 놀부 이야기에 제비가 등장해서 그런지 친숙한 느낌이 든다. 생존 능력도 강해 도로 주변은 물론, 산기슭의 햇빛이 잘 드는 곳이면 어느 장소든 쉽게 만날 수 있다. 그런데 제비꽃을 이곳저곳에서 볼 수 있는 이유를 이해하려면 먼저 개방화와 폐쇄화의 개념을 알아야 한다.

대부분의 일반적인 식물은 개방화(開放花)인데, 이는 꽃이 핀 뒤 벌이나 나비가 수분 매개체 역할을 하여 수정이 이루어져 씨가 만들어지는 꽃을 말한다. 반면에 폐쇄화(閉鎖花)는 꽃받침이나 꽃잎이 열리지 않고 그 속에서 자가수분과 수정이 이루어져 씨를 만드는 꽃을 의미한다. 곰곰 생각해 보면 환하게 웃는 모습으로 우리를 반기던 보라색 제비꽃이 지고 나서도 꽃줄기에 계속해서 열매가 매달려 있는 모습이 떠오를 것이다. 다시 말하

제비꽃 군락

제비꽃

면 폐쇄화이기에 열매가 계속 영글어 많은 씨를 만들어낼 수 있는 것이다. 폐쇄화라는 특징은 제비꽃뿐만 아니라 괭이밥속(*Oxalis*), 별꽃속(*Scutellaria*), 얼레지, 애기똥풀 등 몇몇 종자식물에서도 볼 수 있다. 폐쇄화가 피는 주된 이유는, 정확하지는 않지만 건조하거나 낮은 온도 또는 부족한 빛에 대한 적응 현상으로 추측한다.

우리나라에서 자라는 제비꽃은 약 40여 종류가 분포하는 것으로 알려져 있다. 하지만 꽃이 핀 후에도 계속 성장하는 특징 때문에 시기별로 종을 구별하기가 매우 어려운 분류군이다. 이러한 오류가 계속됨에도 지금까지 새로운 종으로 기록된 것까지 모두 합치면 우리나라에 60~70여 종류의 제비꽃이 자라고 있으며, 최근까지도 새로운 종이 추가되고 있는 실정이다.

기본적으로 제비꽃 종류를 나누는 기준은 꽃 색깔에 따라 크게 노란색, 흰색, 보라색 세 무리로 구분하고, 줄기의 존재 여부로도 종류를 나눈다. 세부적으로는 잎의 모양, 꽃뿔(거距)의 길이와 모양, 옆 꽃잎(측판)에 털 유무, 암술머리의 모양, 포(苞)의 위치 등이 중요한 구별 형질로 사용된다.

제비꽃을 예로 들면 잎은 뿌리에서 여러 장이 나와 총생(叢生)한다. 각각은 피침 모양으로 끝이 둔하고 밑은 일자형으로 잘려 있는 것처럼 보이며, 긴 잎자루 위쪽에는 좁은 날개가 있다. 꽃은 짙은 자주색으로 피고 잎 사이에서 긴 꽃줄기가 나와 1개씩 달리는데, 꽃줄기 중간에 작은 잎 모양의 포가 있다. 5장의 꽃잎 중 옆 꽃잎에 털이 있고, 가장 아래 꽃잎인 순판에는 자주색 줄이 있다. 꽃뿔은 원통형으로 길이는 5~7밀리미터로 짧다. 암술머리는 마치 곤충의 머리와 비슷하고 앞으로 돌출한 짧은 부리 끝에 주두공이 있다. 넓은 타원형의 열매가 익으면 세 조각으로 나눠지는데, 안에는 갈색 씨가 들어 있다. 이 씨앗들이 어떤 방향으로 튀어 나가는지, 또 얼마나 멀리 가는지가 제비꽃의 종을 나누는 기준이 되기도 한다.

제비꽃의 학명은 *Viola mandshurica*이다. 속명 *Viola*는 '제비꽃'을 가리키는 그리스의 옛 이름 이오네(Ione)에서 비롯되었다고 하며, 종소명 *mandshurica*는 만주 지방에서 자란다는 뜻이다.

제비꽃 잎

제비꽃 잎과 잎자루 날개

제비꽃 꽃줄기와 꽃뿔

제비꽃 꽃

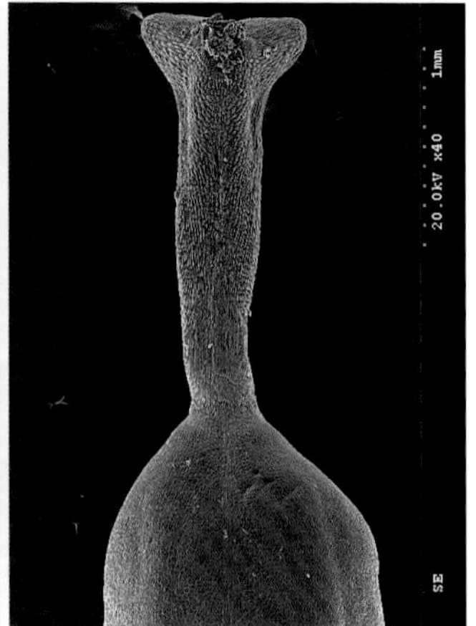

제비꽃 암술 (전자현미경 사진)

앞서 말했듯이 우리나라에서 자라는 제비꽃은 40여 종류가 넘는데, 그중 제비꽃과 형태적으로 가장 비슷한 것은 호제비꽃이다. 이 종은 잎자루에 털이 있지만 옆 꽃잎 안쪽에 털이 없어 구별된다.

제비꽃은 지방에 따라 '가락지꽃', '민오랑캐꽃', '병아리꽃', '씨름꽃', '앉은뱅이꽃', '오랑케꽃', '옥녀제비꽃', '외나물', '장수꽃', '참제비꽃', '참털제비꽃', '큰제비꽃'이라고도 부르며, 어린잎은 나물로 먹기도 한다.

제비꽃으로 꽃반지를 만들어 이웃집 여자아이와 결혼식 하고 소꿉놀이 했던 어린 시절이 떠오른다. 그땐 몰랐지만 지금 생각해보면 인생에서 가장 순수한 시기였던 것 같다. 그 친구는 지금 어디에서 무얼 하고 사는지……. 제비꽃 주변으로 노란색 꽃 뭉치를 가진 서양민들레가 보인다.

제비꽃

제비꽃 열매 (© 지성사)

제비꽃 열매 (© 지성사)

호제비꽃

호제비꽃 꽃줄기와
익어서 터진 열매

4

어느 곳에서든 살아남는 서양민들레

우리나라에서 숲속을 제외한 햇빛이 잘 드는 노출된 지역에서 가장 많이 자라는 식물을 꼽으라면 나는 주저 없이 서양민들레라고 얘기하겠다. 봄이 깊어갈 무렵 집 밖을 나갔을 때 눈에 띄는, 해바라기 축소판 같은 노란색 꽃을 본다면 십중팔구 서양민들레다. 톱니처럼 가장자리가 갈라진 잎이 땅바닥에 납작하게 붙어 있고, 잎과 뿌리, 꽃줄기 등 식물체를 자르면 흰색 유액(乳液)이 나오는 특징도 있다.

그런데 민들레면 민들레지 이름 앞에 왜 '서양'이란 글자가 붙었을까? 말 그대로 서양에서 왔다는 뜻이다. 즉, 외래식물이다. 외래식물은 외국에서 우리나라에 들어와 발아하고 꽃이 핀 후 열매를 맺으며 열매 속 씨가 다시 발아해 일련의 생활주기가 완성된 식물들을 말한다.

식물을 포함한 외래생물들은 생명력이 매우 강해 우리나라에 자생하는 생물들과의 경쟁에서 항상 우위에 있다. 또 번식력도 강해 생태계를 위협

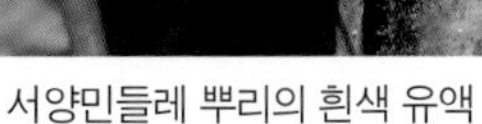

서양민들레 뿌리의 흰색 유액

서양민들레 꽃줄기와 잎의 흰색 유액

하는 문제의 종이 되기도 하는데, 이런 종류들은 환경부에서 「생물다양성 보전 및 이용에 관한 법률」 제23조의 규정에 따라 '생태계 교란 생물'로 지정하여 관리하고 있다. 지금까지 지정된 종류는 총 21분류군인데 포유류는 뉴트리아, 양서류는 황소개구리, 파충류는 붉은귀거북속 전종, 어류는 파랑볼우럭과 큰입배스, 곤충류는 꽃매미와 붉은불개미 그리고 식물은 돼지풀, 단풍잎돼지풀, 서양등골나물, 미국쑥부쟁이, 물참새피, 털물참새피, 애기수영, 가시상추, 도깨비가지, 서양금혼초, 가시박, 양미역취, 갯줄풀, 영국갯끈풀 등 14종이 해당한다.

누구든지 생태계 교란 야생생물을 자연환경에 풀어놓거나 식재(植栽)해서는 안 되며, 이를 수입 또는 반입하고자 할 때는 환경부 장관의 허가를 받아야 한다. 만약 이 법률을 어길 경우에는 2년 이하의 징역 또는 2천만 원 이하의 벌금에 처하는 등 강력한 규제를 시행하고 있다. 이처럼 우리나라는 위해(危害) 외래생물을 퇴치하고자 지자체나 환경단체에서 캠페인을 벌이는 등 자생생물의 보전에 노력하고 있다. 2016년 통계로 우리나라에

서양민들레 군락

들어와 있는 외래식물은 343여 종류나 되며 해마다 늘고 있는 추세이다.

유럽이 원산지인 서양민들레는 위해 외래식물은 아니지만, 1921년 이전에 우리나라에 들어와 전국으로 퍼져 나간 대표적인 외래식물이다. 우리가 꽃으로 알고 있는 서양민들레의 꽃 뭉치 속에는 수십 개의 꽃들이 함께 들어 있는데, 이들이 각각 모두 씨를 만들어 퍼뜨린다. 또한 씨에는 관모(冠毛)라고 하는 털이 달려 있어 바람을 타고 더 멀리 날아갈 수 있는 장점까지 있다 보니 분포 지역을 더욱 늘려갈 수 있었으리라. 심지어 뿌리를 잘라 심어도 각각 새로운 개체가 될 만큼 영양번식의 기능마저 뛰어나다.

서양민들레의 학명은 *Taraxacum officinale*이다. 속명 '*Taraxacum*'은 쓴맛을 뜻하는 아랍어 Tharakhchakon이 변한 단어라는 의견도 있고, 페르시아의 쓴맛이 나는 풀 이름인 talkh chakok에서 유래한 라틴어라는 주장도 있다. 종소명 *officinale*는 약효가 있다는 뜻이다.

서양민들레 총포(뒤로 젖혀 있음)

민들레 총포(위쪽을 향해 있음)

우리나라에서 절로 나서 자라는 민들레 종류는 흰민들레와 민들레를 포함하여 약 10종류가 있으며, 서양민들레와 가장 비슷한 것은 민들레다. 민들레는 꽃을 보호하는 총포(總苞)의 조각이 선형으로 모두 위쪽을 향하지만 서양민들레의 바깥쪽 총포 조각들은 뒤로 젖혀 있어 차이가 있다. 흰민들레는 이름처럼 꽃이 흰색이어서 구별된다. 서양민들레는 '양민들레'라고 불리기도 하며, 유럽에서는 잎을 샐러드로 이용하고, 뿌리는 커피 대용으로 먹기도 한다.

그렇다면 우리 토종 민들레는 어디에 있는 것일까? 앞에서 말했듯이 민들레는 서양민들레의 세력에 밀려 경쟁에서 진 뒤, 터전을 잃고 쫓겨나 숲속 근처 햇빛이 비치는 양지쪽에서나 볼 수 있는 신세가 되었다. 비유하자면 잠깐 놀러온 손님에게 집 안방을 뺏긴 셈이다. 하루라도 빨리 되돌아오기를 기대해본다. 밭둑으로 보이는 둔덕 위에 광대나물이 눈에 띈다.

서양민들레 열매

서양민들레 잎

서양민들레 꽃

민들레

흰민들레

- 생태계 교란 식물 -

돼지풀

단풍잎돼지풀

서양등골나물

미국쑥부쟁이

물참새피 (© 정수영)

털물참새피 (© 윤연순)

애기수영
가시상추
도깨비가지 (© 이용순)
서양금혼초
가시박
양미역취
갯줄풀 (© 이호)
영국갯끈풀 (© 윤연순)

5

이름보다 꽃이 아름다운 광대나물

우리나라에 분포하는 식물 중 '광대'라는 낱말이 붙은 것을 찾아보니 광대나물, 광대풀(자주광대나물의 다른 이름), 광대싸리, 광대수염 등 4종류이다. '광대'라는 낱말 어감상 모습이 이상하게 생겼다든가, 아니면 뭔가 특별한 것이 있을 것 같은 느낌이다. 그러나 좀 이른 봄에 꽃이 피는 것을 제외하고는 이렇다 할 커다란 특징이 없는 것이 광대나물이다. 다만 꿀풀과(Labiatae)의 특징이라 할 수 있는 네모진 줄기와 마주나기하는 잎, 좌우대칭인 입술 모양의 꽃, 돌려나는 꽃차례인 윤생꽃차례[輪生花序]의 특징을 모두 갖추고 있다. 단지 흠이라면 향기가 없다는 것이다. 대부분의 꿀풀과 식물들은 방향성 에테르향 오일을 가지고 있어 민트, 로즈마리, 라벤더같이 은은한 향기를 내는 종류가 많은데 광대나물은 이런 성분을 가지지 못한 것이 아쉬운 부분이다.

그렇다면 이들만의 매력을 찾으라면 어떤 것이 있을까? 제주도에 갔

광대나물 군락

을 때의 일이다. 제주의 민오름 지역 산행을 위해 지인과 만나기로 한 약속 장소에서 밭 근처를 서성이다가 돌담에 삐죽이 얼굴을 내민 광대나물의 홍자주색 꽃을 만났다. 갈고리 모양의 붉은 꽃은 배가 고파 어미를 기

왼쪽 광대나물 꽃차례
오른쪽 광대나물 줄기

다리는 어린 새처럼 고개를 내밀며 피어 있었다. 서로 마주보고 있는 모양새가 마치 반갑게 아침 인사를 하는 듯이 보이기도 했다. 하여 외로운 광대나물이 행여나 밭 주인에게 인사라도 할 양으로 밭 가장자리에서 주로 보이는 것은 아닌지, 또는 사람들이 많이 지나다니는 빈터 주변에 살고 있는 것은 아닌지 상상하며 혼자 빙긋 웃었더랬다.

어쨌든 그곳의 돌담과 광대나물 꽃의 풍광이 좋았지만 더 인상적이었던 것은 밭둑과 산림이 연결된 곳에 놓여 있는 커다란 항아리들과의 조화였다. 이제 겨우 봄 식물이 자라기 시작했을 무렵 휑한 밭 가운데 놓인 갈색의 항아리들과 돌담, 그리고 반달 모양의 잎이 겹쳐져 동전처럼 보이는 마디마디의 잎들과 그곳을 향해 피어난 꽃의 모습은 한 폭의 수채화나 다름없었다.

광대나물의 학명은 *Lamium amplexicaule*이다. 속명 *Lamium*은 로마의 정치가이자 학자인 플리니우스(Plinius)가 붙인 쐐기풀과 비슷한 식물의 라틴어 이름에서 유래하였다고도 하고, 꽃이 기다란 모양이라 '목구멍'을 의미

민오름 아래 항아리와 광대나물

광대나물 꽃 (© 지성사)

광대나물 줄기와 줄기를 감싼 잎

하는 laipos에서 기원했다고 하기도 한다. 종소명 *amplexicaule*는 잎이 줄기를 감싼다는 뜻이다.

우리나라에서 자라는 광대나물속(屬) 식물은 광대수염, 자주광대나물 등 6종류가 있다. 가장 흔한 종류는 광대수염인데, 연한 붉은색이나 흰색 꽃 5~6송이가 마디에 돌려나듯 피는 특징이 있다. 광대나물과 형태적으로 비슷한 종류는 외래식물인 자주광대나물인데, 이 종은 줄기 위쪽의 짧은 마디 사이에 꽃이 모여나고 전체가 진한 자주색을 띠는 것이 다르다. 광대나물은 지방에서 '작은잎꽃수염풀', '코딱지나물', '코딱지풀'이라 부르기도 하며 어린순은 나물로 먹는다.

가끔 시골집에 가서 하루 정도 머무르다 보면 이른 아침 집 마당과 밭 근처를 산책하는 즐거움이 있다. 아침 이슬을 머금은 식물들의 생동감 넘치는 모습이 있는가 하면, 붉은색으로 곱게 단장하고 아침 인사를 건네는 광대나물이 있어 기분이 더 좋아진다. 아무리 생각해봐도 이름보다는 실물이 더 예쁜 식물인 것 같다. 저 멀리에서 작은 것의 상징인 벼룩이자리가 손짓을 한다.

광대수염 군락

자주광대나물

광대수염 꽃 (© 지성사)

6

작은 것의 대표
벼룩이자리

흔히 크기가 작은 것을 표현할 때 '빈대'나 '벼룩'을 들어 비유한다. 벼룩은 몸길이가 2~4밀리미터밖에 되지 않으니 사실 빈대보다도 더 작은 곤충이다. 그런데 벼룩이 한번 튀어 오르면 20센티미터까지 높게 튀고 이동하는 거리도 최대 35센티미터 정도라고 하니, 그렇게 작은 곤충치고는 매우 재빠른 놈이다.

식물의 이름에도 '벼룩'이란 낱말이 들어간 것을 종종 볼 수 있는데, 식물도감을 보니 벼룩나물, 벼룩아재비, 벼룩이자리, 벼룩이울타리로 4종류나 된다. 얼른 생각하면 이름이 비슷하니까 서로의 연관성 때문에 식물도감에도 서로 위아래에 있을 것 같은 느낌이 든다. 하지만 벼룩아재비는 마전과(Loganiaceae)에 속하고 나머지 3종류는 같은 석죽과(Caryophyllaceae)에 속한다. 그중에서도 벼룩나물은 별꽃속(*Stellaria*)에 속하고 나머지 2종류는 벼룩이자리속(*Arenaria*)에 속해 미묘하게 차이가 있

벼룩이자리 군락

다. 그렇지만 이들은 잎의 길이나 너비가 채 1센티미터도 되지 않는다는 공통점 때문에 이런 돌림자 이름을 가지게 된 것으로 보인다.

이렇듯 식물도감의 문, 강, 목, 과, 속, 종의 배열 순서는 한글의 가나다 순서나 영어의 알파벳 순서가 아닌, 진화한 계통상의 순서로 되어 있다. 처음에는 하등하다고 알려진 고사리 무리, 즉 양치식물이 있고, 다음으로는 소나무 종류가 포함되는 겉씨식물, 그리고 가장 뒤쪽에는 현재 지구를 지배하고 있는 가장 진화한 식물인 꽃이 피는 현화식물, 즉 속씨식물이 자리 잡고 있다.

가장 흔하게 만날 수 있는 벼룩이자리를 자세히 살펴보자. 벼룩이 사는 장소를 표현한 것 같은 이름의 벼룩이자리는 한 뼘도 안 되는 키이지만,

벼룩이자리 꽃

벼룩이자리 어린잎

줄기 아래에서부터 가지를 치고 그 가지는 아래로 늘어져 마치 무거운 돌덩이를 힘겹게 안고 있는 듯한 모습이다. 아래쪽을 향한 털은 힘겨움을 더 잘 표현해주는 것 같다. 옆에서 보면 줄기는 약간 기울어져 보이고 윗부분은 햇빛이 비추는 쪽으로 자라는데, 전체적으로는 엉성한 새집처럼 보인다. 줄기 윗부분의 잎겨드랑이에 달리는 꽃은 홀아비꽃대의 꽃처럼 긴 꽃자루에 1송이씩 피는데 꽃이 매우 작아 외로워 보이기도 한다. 하지만 달걀 모양을 닮은 꽃받침 5장과 꽃잎이 서로 어긋나게 배열되어 있어 위에서 내려다보면 녹색과 흰색이 교차된 아름다운 모습을 볼 수 있다.

벼룩이자리의 학명은 *Arenaria serpyllifolia*이다. 속명 *Arenaria*는 '모래'를 뜻하는 라틴어 arena에서 유래하여 식물이 자라는 곳을 표현하였으며, 종소명 *serpyllifolia*는 백리향의 잎과 비슷하다는 뜻이다. 우리나라에서 볼 수 있는 벼룩이자리속(屬) 식물에는 관모개미자리, 벼룩이울타리, 벼룩이자리 등 3종류가 자라는데, 벼룩이자리를 제외하고는 모두 북한에 분포

한다. 벼룩이자리는 지방에서 '모래별꽃' 또는 '좁쌀뱅이'라고 부르며, 민간에서 어린순은 나물로 한다.

이름 때문인지는 몰라도 벼룩이자리와 벼룩나물은 표본을 동정하거나 현장에서 관찰할 때 헷갈릴 때가 많다. 고민 끝에 이 둘을 구별하는 차이점을 잎의 모양에서 찾아 둥글면 벼룩이자리, 그래서 '둥근자리'로 기억해 둔 것이 지금까지도 종을 나누는 구별 형질로 사용하고 있다. 완전히 자란 후에는 쉽게 구별이 가능하지만 성장기 동안에는 이렇게 구별이 어려운 식물들도 많다. 정확한 관찰이 필요한 이유다.

이른 봄 못자리를 위해 논을 갈아엎기 전 논바닥에는 벼룩이자리와 둑새풀이 서로 경쟁이라도 하듯 큰 군락을 이루면서 자란다. 손으로 느껴지는 부드러운 털의 촉감이 좋기도 하지만 아기자기한 잎의 모양도 좋다. 하천 주변으로 산괴불주머니가 보인다.

벼룩나물

둑새풀

7

줄기는 비었지만 튼튼한 산괴불주머니

늦겨울 동장군이 심술을 부려도 끈질기게 생존하는 강인함으로 봄의 상징처럼 불리는 식물이 있다. 바로 습한 지역을 좋아하는 산괴불주머니인데, 이들 대부분은 군락을 이루며 자라는 특징이 있다. 한곳에 집중적으로 분포한다기보다는 띄엄띄엄이긴 하지만 살 수 있는 최적의 장소에는 여러 개체가 함께 자란다는 이야기다. 버드나무 종류의 꽃 버들강아지가 올라올 즈음이면 제법 봄이 진행된 시기인데 이때 주변에서 볼 수 있는 노란색 꽃 뭉치는 모두 산괴불주머니로 보면 될 것 같다.

산괴불주머니는 빗자루처럼 줄기 아랫부분에서 많은 가지를 치고 잎도 빗살처럼 잘게 갈라져 특색이 있지만, 속이 텅 빈 줄기와 가지가 50센티미터나 되는 커다란 덩치를 어떻게 지탱할까를 생각해보면 아리송할 때가 더 많다. 주로 습지 근처에서 자라서인지는 몰라도 줄기나 가지를 힘주어 누르면 물이 흘러내릴 정도로 수분이 많다.

산괴불주머니 군락

산괴불주머니가 포함되어 있는 현호색과(Fumariaceae)는 이처럼 수액을 분비하고 꽃이 좌우대칭인 것이 주된 특징인데, 최근 DNA 염기서열을 바탕으로 정리한 식물분류학 교재에는 양귀비과(Papaveraceae)에 현호색과가 포함되어 있다. 물론 과(科) 안에는 서로 다른 아과(亞科)로 구별되어 있다. 외부 형태적으로도 양귀비과는 유액을 분비하고 꽃은 방사상칭이며 수술이 여러 개 있어 뚜렷하게 구별된다.

산괴불주머니

산괴불주머니라는 우리 이름은 산 근처에서 자라며 괴불주머니와 비슷한 꽃을 가졌다는 뜻이다. 학명은 *Corydalis*

산괴불주머니 꽃

산괴불주머니 뿌리잎

*speciosa*인데, 여기서 속명 *Corydalis*은 '종달새'를 뜻하는 그리스어 korydallis에서 유래하여 꽃에 있는 긴 꽃뿔을 표현한 것이며, 종소명 *speciosa*는 아름답고 화려하다는 뜻이다.

우리나라에는 산괴불주머니가 포함된 현호색속(屬)의 식물이 약 15종이 있으며 여기에는 잘 알려진 현호색 종류가 포함되는데, 가장 눈에 띄는 특징은 뿌리에 괴경(塊莖)이라는 덩이줄기를 갖는다는 점이다. 물론 꽃 색깔도 대부분 자주색, 연한 홍자주색, 하늘색 등 짙은 색이어서 큰괴불주머니와 자주괴불주머니를 제외한 산괴불주머니 종류의 꽃들이 노란색인 것과는 큰 차이를 보이기도 하지만 말이다. 그러나 꽃의 생김새나 구성 요소는 같아서 2센티미터 정도 되는 꽃부리의 한쪽은 입술 모양처럼 벌어지고 다른 한쪽은 구부러져 꽃뿔로 발달한다. 제비꽃이나 매발톱의 꽃 뒤쪽이 길게 늘어진 부분을 생각하면 될 것 같다.

산괴불주머니 꽃과 열매

꽃이 지고 나면 완두콩처럼 잘록하고 가느다란 열매를 맺는다. 안쪽에는 끝이 오목하게 파인 검은색 씨가 들어 있다. 열매의 모양은 종을 나누는 기준으로 사용되기도 하는데, 스님들이 사용하는 염주처럼 마디가 더 잘록잘록한 특징이 있는 것을 염주괴불주머니라 한다. 한편, 산괴불주머니와 비슷하게 생겼지만 바깥쪽 꽃부리 끝이 갑자기 짧고 뾰족해지며, 꽃은 흰빛이 도는 노란색인 것은 괴불주머니라 한다. 지방에서는 산괴불주머니를 '암괴불주머니'라 부르기도 한다.

잘 익은 산괴불주머니의 열매는 아주 작은 충격만 주어도 껍질이 터져 씨가 쏟아져 내린다. 그래서 나는 산행을 하거나 강변을 걷다가 휴식을 취할 때면 일부러 산괴불주머니가 어디 있나 찾아서 손가락으로 꿀밤을 때리듯이 열매를 톡톡 치면서 장난을 치곤 했다. 소소한 재미를 주는 놀이 중 하나였다. 씨가 튀어 주변 식물의 잎에 또르륵 떨어지던 소리가 지금도 들리는 듯하다. 뒤뜰에 심은 머위가 눈에 들어온다.

현호색

8

잃어버린 입맛을 되찾아주는 머위

마트나 재래시장에 가면 '머우대'라 하여 어른 한 줌 정도 되는 크기로 묶어 파는 긴 막대기 모양의 식물이 있다. 젊은 주부라면 쳐다보지도 않을 반찬 재료이지만, 대학생쯤 되는 자녀들을 둔 주부라면 어머니가 해주시던 옛 맛이 기억나 한 번쯤은 더 살펴보게 될 것이다. 논이나 웅덩이 근처의 습한 지역에서 흔히 볼 수 있는 식물이지만, 집 근처 가까이에 키우려고 장독대나 그늘진 밭둑 주변에 몇 뿌리를 심어놓으면 몇 년이 지나지 않아 땅속을 뻗어 자라는 줄기인 지하경(地下莖)으로 그 일대는 모두 '머위' 밭이 되곤 했다. 그렇다. 머우대라는 것은 국화과(Compositae)에 속하는 머위라는 식물의 잎자루를 말한다.

머위는 한창 새싹이 나오는 시기가 되면 층층이 돌을 쌓아올려 만든 돌탑의 축소형처럼 보이는 산방꽃차례[繖房花序]로 꽃이 달린다. 특이한 것은 수술과 암술을 모두 가지고 있는 양성화(兩性花)가 달려 있는 꽃줄기와 암

머위 군락

꽃만 달리는 꽃줄기가 있다는 점인데, 겉에서 보면 매우 비슷한 구조로 되어 있어 거의 구별하기 어렵다. 그러나 양성화가 달리는 꽃줄기는 열매를 맺지 못하지만 암꽃만 달려 있는 꽃줄기는 열매를 맺는다는 차이가 있고, 암꽃의 꽃줄기는 꽃이 핀 다음에도 계속해서 자라 약 70센티미터까지 이르러 구별이 가능하다. 꽃이 한창 피어날 때쯤이면 뿌리에서 잎이 나와 같이 자라는데 얼마 가지 못해 잎이 꽃줄기의 길이를 추월할 정도로 왕성하게 커 나간다. 콩팥처럼 생긴 잎은 연잎 크기만 하고 털이 약간 있는데 잎몸만을 잘라 귀퉁이를 서로 엮어 모자처럼 머리에 쓰면 한여름 따가운 햇살을 가려 그늘을 만들어주기도 했고 소나기를 피할 수 있는 우산이 되기도 했다.

잎자루는 끓는 물에 살짝 데쳐 껍질을 벗긴 후 먹기 좋게 잘라 갖은 양념에 무치면 훌륭한 반찬이 되었다. 지방에 따라 요리 방법에 조금 차이

머위 잎

머위 양성화와 꽃차례

머위 암꽃과 꽃차례

가 있겠지만 들깻가루를 뿌려 고소한 맛을 더하는 내 고향 횡성의 머위나물 볶음 맛은 지금까지도 최고로 기억된다. 지루한 겨울을 보내면서 묵은 김장김치에 익숙했던 입맛을 고급스럽게 바꿔주는 역할을 했던 것 같다. 가끔 덜 벗겨진 껍질이 잇새에 끼여 한참을 고생했던 기억도 있지만 말이다. 요즘은 잎사귀를 삶아서 쌈으로 먹는다고 한다. 호박잎처럼 웰빙 음식이 된 것이다. 잎에는 비타민과 섬유질이 풍부하게 들어 있고 카로틴 성분도 많아 피부 미용이나 변비 개선 등에 효과가 있다고 알려져 있다.

머위의 학명은 *Petasites japonicus*인데, 속명 *Petasites*는 '잎이 넓은 모자'를 뜻하는 그리스어 petasos에서 유래한 것으로 넓은 잎을 표현한 것이다. 종소명 *japonicus*는 일본에서 자란다는 뜻이다. 머위라는 우리 이름의 유래는 없지만 머리 위에 쓰고 다닐 정도로 큰 잎을 가졌다는 의미가 아닌가 싶다.

우리나라에서 자라는 머위 종류에는 머위와 개머위가 있는데, 개머위는 강원도 이북 지역의 산지에서 자라고, 잎의 길이와 너비, 잎자루의 길이가 작아 머위의 축소형처럼 보인다. 머위는 지방에서 '머구' 또는 '머우'라고 부르기도 하며, 민간에서는 잎자루와 잎을 식용으로 하고 어린 싹은 기침을 가라앉히는 약으로 사용한다.

어릴 적에 어머니와 함께 툇마루에 걸터앉아 머우대 껍질을 벗겼던 기억이 가끔씩 생각난다. 한참 벗기다 보면 손톱과 손가락 끝은 멍이 든 것처럼 시커멓게 물들어, 며칠이 지나도 잘 지워지지 않았다. 식탁에 올라온 머우대 반찬이 마냥 반갑다가도 그리운 시골집 추억에 코끝이 시큰해진다. 길 건너에 쇠뜨기가 보인다.

9

장난감 재료로 이용하는 쇠뜨기

잎이나 꽃의 모양이 특이하면 뭇사람들에게 관심의 대상이 된다. 화려하기로야 장미꽃이나 백합꽃 같은 종류를 최고로 치지만, 상대적으로 꽃잎이 없어 슬픈 식물도 있고, 아예 꽃 자체가 없는 식물도 있다. 또 어떤 종류는 뿌리, 줄기, 잎 등 영양기관을 담당하는 부분과 꽃이나 열매 등 생식기관을 담당하는 부분이 다르게 나타나 서로 다른 식물로 오해를 받을 때도 있다. 이렇게 두 얼굴을 가진 식물 중 가장 대표적인 것을 꼽으라면 바로 '쇠뜨기'다. 쇠뜨기의 생식줄기는 연한 갈색으로 이른 봄 영양줄기보다 먼저 나오며, 녹색을 띠는 영양줄기만 광합성을 한다.

우리가 흔히 식물이라 부르는 종류는 특수화된 기관, 즉 뿌리에서 물과 무기양분을 끌어올려 식물체의 끝부분까지 전달해주는 물관부와 당을 끌어올리는 체관부를 가지고 있는 것들을 말한다. 이런 종류를 관속식물이라 하는데 가장 원시적인 관속식물은 화석으로만 남아 있는 리니아식물

쇠뜨기 군락

(Rhyniophytes)이라고 한다. 현재 살아 있는 식물로만 본다면 관속식물의 가장 첫 번째는 고생대 말엽, 특히 석탄기 때 크게 번성했던 송엽란식물이고, 다음으로는 석송식물과 속새식물을 거쳐, 고사리 같은 잎을 닮은 양치식물로 진화했다. 이들은 포자로 번식을 했으며, 그 후에는 종자를 맺는 겉씨식물과 속씨식물로 진화하여 지금까지 번성하고 있다. 쇠뜨기는 속새식물 종류 중의 하나인데 현재는 모두 멸종하고 속새속(*Equisetum*)의 20여 종만이 열대와 온대지역에서 자라고 있다.

우리나라에서 쇠뜨기는 돌 틈이든, 논두렁이든 햇볕이 잘 드는 풀밭 근처라면 여지없이 꿈틀대며 올라오는데, 그 모습이 특이하여 신비로운 느낌을 자아낸다. 또 줄기와 가지 각각의 마디 부분을 끼웠다 뺐다 할 수 있어 이렇다 할 장난감이 없었던 옛날 시골 아이들에게 재미있는 장난감이 되기도 했다.

쇠뜨기 생식줄기

쇠뜨기 영양줄기

원줄기는 속이 비어 있고 겉은 돌아가면서 세로로 골이 파여 있는데 각각의 골마다 잎이 1장씩 붙어 있어 골이 파인 능선의 수와 잎의 수가 같다. 찬찬히 세어 보니 대부분 8개다. 잎은 비늘 모양으로 길이와 너비가 2~3밀리미터 정도로 아주 작은데 잘록한 마디에 붙어 있어 좀처럼 찾기가 쉽지 않다.

땅속줄기에서 분지되어 나온 생식줄기는 뱀 대가리같이 생긴 이삭을 만들어 위쪽만 보면 마치 뽕나무 열매인 오디를 세로로 세워놓은 것처럼 보인다. 그러나 사실은 육각형의 포자엽이 서로 밀착해서 달린 모습이 그렇게 보이는 것이고, 그 안쪽에는 각각 7개 정도의 포자 덩어리인 포자낭이 들어 있다. 생식줄기가 익으면 탄사라고 하는 스프링 모양의 구조물이 튕

기면서 포자가 멀리 날아갈 수 있게 도와준다. 가끔 잘 익은 생식줄기를 손으로 톡톡 쳐보면 먼지가 날리듯 노란 포자가 한가득 바닥으로 떨어져 내년에 나올 줄기의 수를 짐작할 수도 있다.

쇠뜨기의 학명은 *Equisetum arvense*이다. 속명 *Equisetum*은 '말'을 뜻하는 라틴어 equus와 '꼬리'를 의미하는 saeta의 합성어로 층층이 나 있는 작은 가지를 표현한 것이며, 종소명 *arvense*는 경작지 또는 야생에서 자란다는 것을 표현한 것이다. 쇠뜨기라는 우리 이름은 소가 잘 뜯어먹는 풀이라는 뜻이라고 한다.

우리나라에서 자라는 속새속(*Equisetum*) 식물로는 속새, 개쇠뜨기 등 9종류 정도가 있다. 쇠뜨기와 형태적으로 가장 비슷한 종류는 북쇠뜨기인데, 가지에 3개의 능선과 잎이 3장 달려 있어 쇠뜨기와 차이가 있다. 쇠뜨기는 지방에서 '뱀밥', '즌슬', '필두채'라 부르며, 민간에서 생식줄기는 식용으로 하고 영양줄기는 이뇨제로 쓴다.

어린 시절 쇠뜨기 줄기 한 묶음을 뜯어다 외양간이나 토끼장에 넣어주면 이빨을 가는 듯한 소리를 내며 맛있게 먹던 소와 토끼가 생각난다. 소나 토끼의 맛난 간식으로도 충분하고 어린아이의 장난감으로도 손색이 없는 우리 식물이다. 저만치 밭둑 사이로 냉이가 보인다.

10

봄나물의 대표 식물 냉이

나른한 봄철, 떨어진 입맛을 돋우는 나물을 생각하면 누구나 가장 먼저 떠오르는 것이 냉이일 것 같다. 언제부터인지는 모르겠지만 요즘 대형 마트는 물론, 골목 구석의 작은 슈퍼에서도 냉이를 팔고 있다. 그만큼 봄나물로 가장 인기가 있다는 이야기다. 어렸을 때의 일이다. 재래시장에서는 주로 할머니들이 냉이를 팔았다. 한 줌씩 엉성하게 쌓아 놓은 뭉치를 손가락으로 가리킬 때면 천 원, 이천 원을 소리 내어 외치셨고, 사고 나면 덤으로 그만큼을 더 주셨던 기억이 있다. 그리고 빠뜨리지 않고 하시는 말씀이 당신이 손수 밭에서 캔 것이니까 걱정 말고 먹으라는 것이었다. 그런데 기분 좋게 값을 치르고 돌아서서 다른 구경거리를 찾다가 다시 한 번 할머니를

냉이

냉이 군락

쳐다보았더니 할머니는 꼬맹이도 알 만한 상표가 인쇄된 박스에서 냉이를 한 줌 꺼내 다시 쌓아놓는 것이었다. 웃어야 할지 울어야 할지 모르겠지만 어쨌든 덤으로 얻은 것이 있으니 쫓아가 따질 수도 없고 그냥 애써 그 모습을 잊으려 했던 기억이 난다.

재래시장에선 요즘에도 이런 웃지 못할 일들이 하루에도 수없이 일어나고 있다. 몸에 좋다고 파는 중국산이나 러시아산 가시오갈피가 국내산으로 둔갑하는가 하면, 재배한 더덕을 산에서 방금 캐서 갖고 온 야생더덕이라고 우기는 이도 있다. 재미있는 장터 풍경이다. 냉이도 재배된 것을 보면 산삼 뿌리만큼 길게 자란 것들이 많고 덩치도 커 먹음직스럽게 보이지만 실제로는 그렇지 않다.

시장이나 마트에서 볼 수 있었던 냉이가 그렇다면, 야외에서는 어떤 모습일까? 높이는 10~50센티미터까지 자라고 전체에 털이 있으며 가지는

냉이 꽃 (© 지성사)

냉이 잎

많이 갈라지고 흰색 꽃이 핀다. 그래도 가장 중요한 특징은 겨울을 나기 위해 땅에 붙어 자라는 잎이 있다는 점인데, 잎 가장자리에 커다란 톱니가 있어 알아보기도 쉽다.

이렇게 겨울을 보낸 오랜 잎이 제 역할을 다하고 시들어가면 새로운 잎이 뿌리에서 올라온다. 뿌리에서 올라온 잎을 뿌리잎[根葉]이라 하는데, 겨울을 보낸 뿌리잎 사이에 새로운 잎이 나서 자리 잡을 때가 냉이의 향이 가장 좋다고 한다. 잎 가운데에 줄기가 올라오면 뿌리가 억세 먹을 수 없으므로 시장에서 사온 냉이는 모두 줄기가 없다. 뿌리를 보면 흰색으로 곧게 뻗어 매끈하고 만져 보면 부드럽지만, 간혹 철사같이 딱딱한 다른 냉이 종류의 뿌리가 섞여 있기도 한다. 줄기에 붙은 잎에도 가장자리에 톱니가 있으며 흰색 털도 많고 가끔 별 모양의 성상모(星狀毛)도 섞여 난다.

역삼각형처럼 생긴 열매는 꼭짓점 부분이 1센티미터 정도 되는 꽃자루에 달려 있는데 익으면 윗부분이 열리면서 안쪽에 있던 20~25개의 씨가 쏟아져 나온다. 다산의 상징으로 그 근처에서 냉이들이 즐비하게 자라는 것도 이 때문인 것 같다. 냉이의 학명은 *Capsella bursa-pastoris*이다. 속명 *Capsella*는 주머니를 닮은 열매 모양을 표현하는 라틴어 capsa에서 유래하였으며, 종소명 *bursa-pastoris*는 '목동의 지갑'이라는 뜻이다.

냉이 열매

냉이의 우리 이름 어원은 한자어 나이(那耳)에서 시작되었다고 하며, 우리나라에서 자라는 냉이속(屬) 식물은 냉이 1종류밖에 없다. 그러나 비슷한 이름을 가진 종류로는 다닥냉이, 싸리냉이, 미나리냉이, 는쟁이냉이 등 여러 가지가 있다. 이 종류들은 꽃잎 4장이 십자 모양으로 달리는 십자화과(科)이기는 하지만 모두 다른 속에 포함되어 있다.

지방에서 냉이는 '나생이', '내생이', '나숭게'라고 부르며 민간에서는 어린순을 나물로 한다.

냉이를 이용한 요리 방법을 인터넷으로 검색해보니 국, 찌개, 무침 등 무려 30가지가 넘는다. 이 사실만 보아도 냉이는 분명 봄나물 중 최고인 것 같다. 냉이 근처에 쓴맛의 대표격인 고들빼기가 반갑게 손짓한다.

다닥냉이

싸리냉이

미나리냉이

는쟁이냉이

11

쓴맛의 대명사 고들빼기

쌉싸름한 맛을 좋아하는 사람이라면 한 번쯤 먹어봤을 만한 것이 고들빼기다. 식물체 어느 부위든 상처를 내면 흰색 유액이 나오고, 먹어보면 아주 쓴맛이 강해 뱉어내야 할 정도다. 이 쓴맛의 정체는 이눌린(inulin)인데, 이 물질은 위장을 튼튼하게 하고 소화 기능을 좋게 하는 기능이 있는 것으로 알려져 있다. 생리적으로 이눌린은 췌장의 인슐린 분비를 촉진하고 혈당을 내려주는 역할을 하기도 한다.

고들빼기는 예부터 같은 속의 이고들빼기나 상추속의 왕고들빼기와 더불어 지상부를 약사초(藥師草)라 하여 약으로 사용해왔는데 아마도 이 세 식물의 줄기나 잎에서 나오는 흰 유액의 성분이 같기 때문으로 보인다.

국화과(Compositae) 식물은 전통적으로 꽃이 혀처럼 생긴 설상화로만 구성되어 있는지, 아니면 통 모양으로 된 통상화와 설상화가 함께 있는지에 따라 전자는 민들레아과(Liguliflorae), 후자는 엉거시아과(Tubiflorae)로

고들빼기

고들빼기 꽃

나누며, 고들빼기는 민들레아과에 포함된다. 상추, 치커리, 씀바귀, 방가지똥 등도 모두 같은 아과에 포함되는 좋은 예이다. 물론 최근의 분류체계는 국화과를 3개의 아과(subfamily)와 10~17개의 족(tribe)으로 세분하기도 한다. 우리나라의 국화과 식물만 해도 95속의 290여 종이 10개의 족으로 나눠져 있다.

고들빼기는 요리 재료로 주로 뿌리를 이용하지만 잎, 특히 뿌리에서 올라오는 뿌리잎도 쓴맛이 강해 요즘은 이 두 부분 모두를 이용한다. 고들빼

고들빼기 뿌리의 흰색 유액

고들빼기 잎의 흰색 유액

기가 자라는 곳은 화단의 잔디밭 사이는 물론이요, 길가의 햇빛이 잘 비치는 곳이면 어디에서든 쉽게 볼 수 있다. 또 튼튼한 줄기는 비바람이 거세게 불어도 꿋꿋하게 잘 버티는 장점도 있다.

얼마 전 아내가 동네 친구와 산책을 하다가 아파트 화단에서 자라는 고들빼기를 보고 김치를 만들자고 작당을 한 적이 있었다. 고들빼기가 어떻게 생겼는지 몰랐지만 시골 출신의 친구 덕분에 고들빼기도 알게 되고 김치 재료도 얻었으니 요샛말로 득템을 한 셈이었다. 평소 아내가 친정에서 가져온 고들빼기김치는 내가 독차지했던 터라 내심 잔뜩 기대했다. 그런데 재료를 손질하고 양념을 맛있게 버무려 가져온 김치통을 보는 순간 황당함에 그만 실소가 터져 나왔다. 고들빼기 뿌리는 온데간데없고 잎만 잔뜩 들어 있지 않은가! 뿌리는 너무 쓴맛이 강해 잘라버렸다나? 웃어야 할지, 울어야 할지 잠시 만감이 교차했던 일화다.

쓴맛의 상징으로는 씀바귀도 빼놓을 수 없다. 씀바귀는 뿌리잎의 밑부분이 잎자루와 이어지고 꽃 색깔이 다양하며, 열매인 수과 껍질

고들빼기 뿌리잎

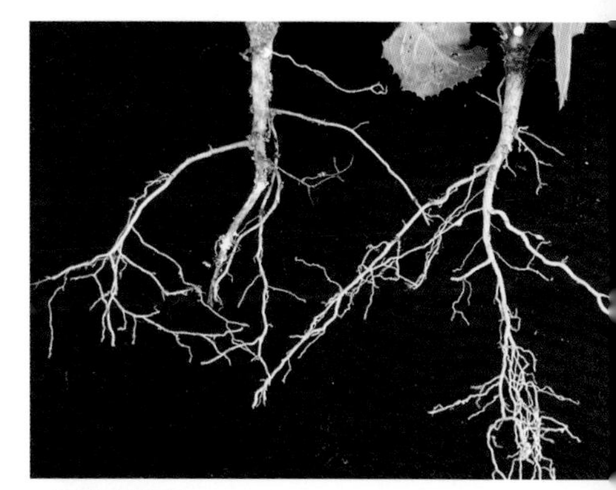

고들빼기 뿌리

고들빼기 잎

에 능선이 10개 있고 관모 색깔이 갈색이다. 따라서 꽃 색깔이 노란색이고 관모가 흰색인 고들빼기와는 차이가 있다. 마트에서는 '쪽새'라는 이름으로 포장되어 팔리기도 한다. 물론 두 종은 분류학적으로 서로 속이 다르다. 고들빼기의 학명은 *Crepidiastrum sonchifolium*으로 속명 *Crepidiastrum*는 국화과의 *Crepis*속과 비슷하다는 의미인 astrum의 합성어이며, 종소명 *sonchifolium*는 방가지똥속(*Sonchus*)과 잎이 비슷하다는 뜻이다.

고들빼기라는 우리 이름은 쓴맛을 표현하는 한자어 고채(苦菜)에서 유래하였다고 한다. 우리나라에서 자라는 고들빼기속(屬) 식물은 약 6종류가 있으며, 흔한 종류로는 '이고들빼기'가 있는데 줄기에 달리는 잎이 줄기를 감싸지 않고 꽃은 활짝 핀 뒤 아래로 처지는 특징이 있어 고들빼기와는 구별된다. 이름이 비슷한 왕고들빼기는 상추와 함께 왕고들빼기속(*Lactuca*)에 속하고 잎 가장자리가 심하게 갈라져 고들빼기와 구별된다. 고들빼기는 지방에서 '빗치개씀바귀', '씬나물', '좀두메고들빼기', '애기벋줄씀바귀', '참꼬들빽이'라 부르기도 하며, 뿌리와 어린순은 나물로 한다.

고들빼기 잎을 잘랐을 때 나오는 흰색 유액을 보면 금방 신물이 넘어온다. 상추로는 맛나게 쌈을 싸 먹으면서 같은 쓴맛의 고들빼기나 씀바귀를 무쳐놓은 나물에는 좀처럼 젓가락을 대지 않는 사람들을 종종 본다. 속담에 "좋은 약은 입에 쓰다"고 했다. 건강을 위한 것이라면 좀 쓴맛도 즐겨 보는 것은 어떨까? 저 멀리 화단 주변에 별꽃이 보인다.

씀바귀

씀바귀 뿌리

이고들빼기 (© 지성사)

왕고들빼기 (© 지성사)

12

선풍기 날개를 닮은 별꽃

별과의 연관성을 생각하면 흔히 오각형의 모습을 떠올리기가 쉽다. 어린아이들이 그림이나 도형을 그리기 시작하는 나이가 되면 가장 먼저 배우는 모양도 별이 아닐까? 연필을 떼지 않고도 한 번에 그릴 수 있기 때문이다. 친근한 모양이다. 식물 중에도 별 모양처럼 꽃잎이 5장으로 이루어져 '별꽃'이란 이름을 가진 것이 있다. 물론 꽃을 구성하는 요소가 4나 5의 배수면 쌍떡잎(쌍자엽)식물의 특징이라는 교과서적인 내용도 있지만, 처음 이 식물의 꽃을 보았을 때 느낌이 별을 생각나게 하는 것 같다. 이런 의미는 별꽃의 학명에서도 잘 나타나 있는데, 속명인 *Stellaria*는 '별'을 뜻하는 라틴어 stella에서 유래하여 꽃의 모양이 잘 표현되었다.

그러나 어찌하랴, 나는 5장의 흰색 꽃잎을 보면 별이 생각나지 않고 마치 동글동글한 선풍기 날개처럼 보이니 말이다. 더군다나 꽃잎 각각의 끝

별꽃 군락

이 두 갈래로 파여 있어 자칫 꽃잎이 10장인 것으로 착각하기 쉬울 정도다. 꽃을 매달고 있는 작은 꽃자루는 겸손의 미덕처럼 꽃이 핀 후에는 아래로 향하지만, 열매를 맺고 나면 다시 위쪽으로 곧추선다. 가지는 줄기 아래부터 많이 치고, 줄기와 꽃자루에는 한 줄로 털이 나 있어 다른 종류와 구별하기 쉽다.

이 털을 관찰하기 위해 별꽃을 잘 뽑아들고 자세히 살펴보면 쌀알을 1줄로 세워놓은 것처럼, 또는 먹이를 물고 줄을 맞춰 집으로 돌아가는 개미들의 모습처럼 규칙적으로 나 있는 흰색의 털을 볼 수 있다. 그런데 나의 이런 모습은 주변 사람들에게 호기심을 주기도 하지만 웃음을 주기도 한다. 안경을 벗고 털을 자

별꽃

별꽃 줄기의 털

세히 관찰하는 모습이 다른 사람들에게는 신기해 보이고, 눈을 찡그리며 초점을 맞추려는 모습이 우스꽝스러워 보이기 때문이다.

별꽃의 학명은 *Stellaria media*이다. 속명 *Stellaria*는 '별'을 뜻하는 라틴어 stella에서 유래하여 꽃의 모양을 표현한 것이며, 종소명 *media*는 '가운데', 즉 '중간'을 뜻한다. 우리나라에서 자라는 별꽃속(屬) 식물은 8종류가 있는데, 별꽃과 형태적으로 비슷한 것은 쇠별꽃이다. 쇠별꽃은 줄기에 털이 없고, 잎의 밑부분이 심장형으로 파여 있으며, 수술이 10개로 많아 별꽃과는 차이가 있다.

별꽃 꽃

별꽃 꽃봉오리와 털

별꽃이라는 식물 이름을 가진 종류가 생각 밖으로 많은데, 예를 들면 '비슷하지만 다른'의 뜻을 더해주는 접두사 '개-'가 붙은 개별꽃, 큰개별꽃, 덩굴개별꽃 등이다. 이들은 모두 가짜 별꽃속이라는 의미를 가진 개별꽃속(*Pseudostellaria*)에 포함되어 구별된다. 이 두 속의 가장 큰 차이점은 뿌리가 굵어지는지 여부와 폐쇄화, 즉 열리지 않는 화관 안에 들어 있는 수술과 암술의 수정으로 열매를 맺는 꽃이 있는지의 유무인데 개별꽃속은 이 2가지 특징을 모두 가지고 있다.

별꽃은 잎보다 꽃이 작아서 사람들에게 그다지 관심을 받지 못하는 것 같다. 자라는 곳도 대부분 길가의 약간 그늘진 곳이나 습지 주변 또는 경작지 근처라 그냥 지나치기 쉽다. 하지만 한번 잘 들여다보면 생각지 못한 아름다움을 찾아낼 수 있을 것이다. 별꽃 군락 주변으로 점나도나물이 한창이다.

쇠별꽃 군락

쇠별꽃 (© 지성사)

개별꽃

큰개별꽃

덩굴개별꽃

13

털 때문에 인기가 없는 점나도나물

'점나도나물'이라는 식물 이름의 유래는 알 수 없지만 그대로 풀어본다면 식물체에 점 같은 돌기나 반점이 있고, 맛은 없더라도 나도 나물 종류에 넣어 달라는 뜻으로 해석된다. 우리나라 식물 이름에 '나도'와 '너도'라는 낱말이 붙으면 대부분 특정 식물과 비슷하다는 표현이다. 식물도감을 펼쳐보니 '나도'라는 이름이 붙은 식물은 40종류나 되고 '너도'라는 이름이 붙은 식물은 7종류이다. 비슷한 종류를 표현하는 좋은 낱말인 것 같다. 점나도나물을 생각하면 가장 먼저 거침없이 붙어 있는 털이 떠오른다. 줄기도 진한 자주색인데다가 식물체 전체에 털이 그렇게 많으니, 이름에 아무리 '나물'이 들어 있다 해도 이것을 어떻게 나물로 먹을 수 있을까 하는 의구심이 들 정도다. 심지어 한술 더 떠서 '털점나도나물'이라는 종까지 있다. 도대체 털이 얼마나 많으면 이런 이름을 붙였을까 생각해보게 된다.

점나도나물 군락

어쨌든 이 종류는 시금치처럼 매끈하지도 않고, 콩나물처럼 부드럽지도 않으며, 샐러리처럼 좋은 향이 있는 것도 아니다. 줄기는 또 어떤가. 가지가 밑에서부터 갈라지기 때문에 식물체 또한 비스듬히 자라므로 볼품도 없다. 잎자루가 거의 없는 달걀 모양 또는 달걀을 닮은 피침 형태의 잎도 눈에 거슬리기는 마찬가지다. 그래도 한 가지 봐줄 만한 것은 5장의 흰색 꽃이 핀다는 것과 꽃잎이 별꽃처럼 끝이 2갈래로 갈라진다는 것이다. 이처럼 점나도나물은 별꽃 종류와 매우 비슷한 특징을 갖고 있다. 하지만 점나도나물속(*Cerastium*)은 암술대가 주로 5갈래로 갈라지고, 꽃받침 조각이 서로 마주나 달리며 열매가 원통형이다. 이에 반해 별꽃속(*Stellaria*)은 암술대가 대부분 3갈래로 갈라지고 꽃받침 조각은 서로 어긋나며, 열매는 달걀 모양 또는 공처럼 구형에 가까워 차이가 있다.

점나도나물의 학명은 *Cerastrum holosteoides* var. *hallaisanense*이다. 속명

*Cerastrum*은 '뿔'을 뜻하는 그리스어 keras에서 유래하였으며, 종소명 *holosteoides*는 산형나도별꽃속(*Holosteum*)과 모양이 비슷하다는 뜻이고, 변종소명 *hallaisanense*는 한라산에서 자란다는 의미이다. 우리나라에서 자라는 점나도나물 종류는 7가지 정도가 있는데 분포 장소가 매우 특이한 종도 있다. 즉, 바닷가에는 '큰점나도나물'이 주로 자라고, 함경남도 지역에는 '북선점나도나물'이, 그리고 북부지방 깊은 곳에는 '털점나도나물'이 자란다. 점나도나물과 비슷한 종류로는 북점나도나물이 있는데, 이 종은 꽃받침과 열매의 길이가 조금 크고 여러해살이풀이다.

한편, 귀화식물 중 식물체 전체가 옅은 녹색이고 작은 꽃자루의 길이가 꽃받침보다 짧거나 같고, 식물체 전체에 털과 샘털인 선모가 섞여 퍼져 있으며, 취산꽃차례[聚繖花序]로 뭉쳐나는 유럽점나도나물이 있다. 이 종은 유럽 원산으로 도입 시기가 비교적 최근인 1964~2010년이다. 앞으로 우리나라에 분포 면적이 넓어지고 개체 수도 많아질 우려가 있는 귀화도 5에 포함되어 있다. 자생지에서 만

점나도나물 줄기

점나도나물 잎

점나도나물 꽃

유럽점나도나물

난 이 식물은 전체가 털에 털을 더한 모습이라 찔러도 피 한 방울 나오지 않을 것 같은 완벽한 갑옷을 입고 있는 듯했다.

점나도나물은 이름처럼 모양도 좀 부드러웠으면 하는 아쉬움이 있다. 그렇다고 이름을 달리 붙일 수는 없으니 온몸에 잔뜩 나 있는 털이 문제라면 앞으로는 이 부분을 오히려 좋은 특징으로 봐주어야 할 것 같다. 그리고 표현을 이렇게 바꿔야겠다. 털이 매력적인 점나도나물로! 저만치 노란색 꽃이 나를 오라 손짓한다. 애기똥풀이다.

14

양귀비과(科)라 불러다오! 애기똥풀

애기똥풀은 봄부터 여름까지 오랫동안 볼 수 있는 식물이다. 노란 꽃잎과 중간에 안테나처럼 쑥 솟아난 열매와 함께 어우러진 전체 꽃 모양은 노란 종이에 끝이 둥근 안테나를 붙인 듯이 보인다. 아이를 키워본 사람들은 이 이름이 더욱 친숙하게 다가올 것 같다. 신생아 때 기저귀를 갈면서 아이의 변 색깔이 샛노란 것을 보고 좋아했던 감정이 연상

애기똥풀 군락

애기똥풀 노란색 유액 (© 지성사)

피나물 붉은색 유액 (© 지성사)

되니 그렇다. 하지만 이런 경험이 없는 사람들은 똥이라는 낱말 때문에 구린 냄새와 더불어 더럽다는 생각이 먼저 떠오를 것이다.

애기똥풀에 상처를 내면 아이 변처럼 노란 액체가 나온다. 그래서 풀이름을 '애기똥풀'이라고 한 것이다. 이 액체에는 구토나 설사 또는 신경마비를 일으키는 이소퀴놀린(isoquinoline), 켈리도우닌(chelidonine)이라는 독성 물질이 있다. 그래서 초식동물들이 싫어한다고 한다. 반면, 몸에 상처를 내면 붉은색 유액이 나오는 식물도 있는데 피나물이 대표적이다. 피나물 유액에는 독성이 있는 알칼로이드(alkaloid) 물질이 포함되어 있다.

애기똥풀이나 피나물은 모두 양귀비과(科)에 속하는데 과 이름에 들어 있는 양귀비 역시 몸에 상처를 내면 흰색 유액이 나온다. 이 액체에는 독성이 있는 각종 알칼로이드 물질이 포함되어 있고, 특히 모르핀(morphine) 성분은 사람들을 흥분하게 하여 철저하게 의약품으로 사용하도록 관리하고 있다. 최근 들어 이러한 물질이 분비되지 않는 품종으로 개량한 개양귀비라는 원예종이 많이 재배되고 있다.

이처럼 생물 관련 책을 보면 무슨 과(科)라고 하는 것을 많이 보는데 이는 공통적인 특징을 가진 식물 종류를 하나의 그룹에 묶어놓은 것을 뜻한다. 양귀비과는 잎이나 줄기에 상처를 내면 유액이 나오고 꽃이 방사상칭이며 수술이 많고, 열매는 익으면 배봉선이 열리는 삭과 특징을 가지고 있다. 이런 특성을 대표하는 것이 양귀비라 이를 양귀비과라 정하고, 이 안에 비슷한 특징을 가지고 있는 애기똥풀이나 피나물 등을 양귀비과에 포함한 것이다. 책을 보다가 처음 보는 식물이 양귀비과라면 '아하! 이런 특징이 있는 식물이겠구나!'라고 생각하면 된다.

대체로 식물들은 초식동물이 좋아해야 자기 씨를 퍼뜨리는 데 유리한데, 이들은 어떤 전략을 가지고 있을까? 애기똥풀 열매 속에는 작은 검은색 씨가 들어 있고, 씨 끝에 엘라이오좀(elaiosome)이라는 물질이 붙어 있다. 흔하게 볼 수 있는 제비꽃 종류나 얼레지의 씨처

애기똥풀 뿌리잎

애기똥풀 꽃

애기똥풀 열매

럼 말이다. 이 물질에는 개미가 좋아하는 단백질과 지방 성분이 풍부하게 들어 있다고 한다. 열매에서 씨가 떨어지면 개미들이 집으로 끌고가 엘라이오좀 부분만 떼어내고 씨는 집 밖으로 버린다. 즉 애기똥풀의 씨를 개미들이 이동시키는 것이다.

애기똥풀은 두해살이풀로 학명은 *Chelidonium majus* var. *asiaticum*이다. 속명 *Chelidonium*은 '제비'를 뜻하는 그리스어에서 유래하였는데, 제비가 이 식물에서 나오는 유액으로 어린 제비의 눈을 씻어 시력을 좋게 했다는 데서 기원했다고 한다. 종소명 *majus*는 다소 크다는 뜻이고, 변종소명 *asiaticum*은 아시아에 분포한다는 뜻이다.

우리나라에서 자라는 애기똥풀속(屬) 식물에는 애기똥풀 1종류만이 있으며, 같은 과(科)에 속하는 흔하게 들어본 종류로는 양귀비와 두메양귀비, 피나물 등이 있다. 이 종류들은 다른 속(屬)이라 차이가 있다. 애기똥풀은 지방에서 '까치다리', '젖풀', '씨아똥'이라 부르기도 하며, 노란색 유액은

두메양귀비

피나물

아이들이 손톱에 매니큐어처럼 바르는 놀이를 할 정도로 착색이 잘되어 염료로도 사용된다.

양귀비 하면 떠오르는 모습이 있다. 바로 아름다움이다. 애기똥풀은 어떤가? 이름은 좀 그렇다 해도 명색이 양귀비과인데 지금부터라도 달리 봐주는 아량이 있었으면 좋겠다. 아름다움을 가진 또 하나의 식물로. 애기똥풀 앞에 옆으로 기어가는 줄기의 돌나물이 있다.

15

돈나물이 아니고 돌나물

사막에서나 볼 수 있는 선인장이나 잎이 두툼한 식물들은 대부분 건조한 기후에 대한 내성을 지니고 있다. 다시 말해 내부 구조가 물이 없는 환경에서도 오랫동안 버틸 수 있게 되어 있다. 이러한 종류는 빛을 이용한 광합성 작용 원리가 일반 식물들과는 달라 한 단계의 과정이 더 필요하다. 이른바 CAM식물 또는 C4식물이 여기에 포함된다.

일반적인 식물의 광합성 과정은 광 의존 반응과 광 독립 반응으로 나눠지며, 광 의존 반응에서 만들어진 ATP(아데노신 3인산)와 NADPH(니코틴아마이드 아데닌 다이뉴클레 오타이드 인산) 같은 물질들은 광 독립 반응을 위해 사용된다. ATP는 당을 만드는 과정에서 에너지로 이용되며 NADPH는 수소와 전자를 제공한다. 광합성 결과 최초로 고정되는 이산화탄소의 고정산물은 탄소가 3개인 인글리세르산(phosphoglycerate, PGA)으로, 이 물질은 ATP와 NADPH의 작용에 따라 여러 중간 산물을 만들며 최종적으로

돌나물 군락

는 포도당을 생성한다.

이와는 대조적으로 파인애플이나 선인장 같은 다육식물(多肉植物)이 포함된 CAM(Crassulacean acid metabolism)식물이나 옥수수와 사탕수수 같은 C4식물들은 최초 고정산물로 탄소가 4개인 물질이 만들어져 차이가 있고, 이 물질은 각각 관다발초세포와 엽육세포에서 일반적인 광합성 경

돌나물 꽃

돌나물 줄기와 잎

돌나물 잎과 줄기

돌나물 꽃

로를 거친다. 복잡하다. 이렇게 복잡한 광합성 과정의 설명을 위해 나 역시 몇 주씩 강의를 들었다. 어쨌든 복잡한 광합성 과정은 뒤로 하더라도 이러한 종류들은 건조에 적응하기 위해 조금 다른 경로를 거친다는 것만이라도 알아두자.

우리나라에는 사막지역이 없으니 선인장이나 다육식물들을 만나기가 그리 쉽지 않다. 대부분 꽃집이나 수목원 또는 산림박물관 같은 전시 공간에나 가야 볼 수 있을 정도이다. 그래도 줄기나 잎에 많은 수분을 함유하고 있는 초본 종류들은 가끔 만날 수 있다. 봉선화, 쇠비름, 돌나물 같은 것이다. 그중 돌나물을 살펴보자. 흔히 지방에서 '돈나물'이라 부르는 이 돌나물은 한 뿌리만 잘 심어놓으면 이듬해에 돌나물을 이용한 온갖 요리를 해먹어도 될 만큼 많이 퍼진다. 잎과 줄기를 이용한 돌나물 무침, 시원한 돌나물 물김치 등 생각만 해도 입안 가득 군침이 돈다.

사막처럼 아주 메마른 곳이 없는 우리나라는 돌나물이 살기에 최적지가 아닌가 싶다. 집 밖을 나가 동네 주택 주변을 보자. 조금이라도 그늘지고 약간 습한 곳이라면 영락없이 돌나물을 볼 수 있다. 햇살이 잘 비치는 집 근처 돌담이나, 산책길이 나 있는 하천변 돌망태 사이에도 죽죽 늘어져 철망을 타고 가득 돌나물이 나 있다. 손으로 눌러보면 물이 흘러내릴 정도로 줄기나 잎에 수분이 많아 아무리 강한 햇빛에 노출되더라도 버틸 수 있는 것이다. 아니, 오랫동안 적응하여 진화된 광합성 작용을 하기 때문이라고 할 수 있다.

돌나물의 학명은 *Sedum sarmentosum*이다. 속명 *Sedum*은 '앉는다'는 뜻의 라틴어 sedere에서 유래하여 줄기가 바위 근처에서 자라는 형태를 표현한 것이며, 종소명 *sarmentosum*은 덩굴성 줄기를 가진다는 뜻이다. 돌나물이라는 우리 이름도 돌 위에 나는 나물이라는 의미로 붙인 것이다.

우리나라에서 자라는 돌나물속(屬) 식물은 17종 정도가 있는데, 흔하게 볼 수 있는 종류로는 기린초, 바위채송화 등이 있다. 바위채송화는 화초로 재배하는 채송화와 이름이 비슷해 종류가 비슷할 것이라고 생각되지만 채송화는 쇠비름과(Portulacaceae)의 쇠비름속

기린초 (© 지성사)

바위채송화

채송화 (© 지성사)

(*Portulaca*)에 속해 전혀 다른 가계에 포함되어 있다.

돌나물이 자라는 것을 보면 줄기 밑부분에서부터 갈라진 많은 가지들이 문어발처럼 길게 땅 위로 늘어져 마치 자기 영역을 표시하는 것처럼 펴져 있다. 그러다 시간이 지나면 이내 땅 위 전체를 덮어버린다. 마치 지피식물(地被植物)처럼 말이다. 또 조금만 자세히 들여다보면 통통한 녹색 잎과 노란색 꽃이 조화롭다. 훌륭한 관상식물이 아닐 수 없다. 가만히 보고 있노라면 마음이 따뜻해지니 어지러운 마음을 치유해주는 식물이 아닌가 싶다. 돌나물 옆으로 꽃 모양이 인상적인 금낭화가 있다.

16

시어머니의 사랑을 닮은 금낭화

흰색 펜촉처럼 생긴 납작한 부분을 붉은 심장 모양의 모자가 덮고 있다. 바람의 장단에 맞춰 파도가 출렁거리듯 이리저리 그네를 타는 듯하다. 금낭화를 보고 느낀 점이다. 꽃이 많아지면 많아질수록 꽃줄기는 점점 밑으로 기울어지고 이 상태로 열매까지 맺는 금낭화는 이제 집 주변 화단에 없어서는 안 될 기본적인 식물이 되었다. 며느리를 사랑하는 시어머니의 애틋한 사랑이 전설로 내려오는 이 식물은 그래서인지 보면 볼수록 더 애착이 간다.

금낭화는 중국이 원산이라는 이야기도 있지만, 어떤 문헌에 따르면 우리나라에서 절로 나서 자라는 식물이라고도 한다. 그리 깊지 않은 산골짜기의 물이 잘 흐르는 계곡 주변이나 약간 습기가 있는 편평한 지역에서 쉽게 볼 수 있기 때문이다. 그런데 이런 곳들은 지금은 빈터일지언정 옛날에는 분명히 집이 있었을 것 같은 형상이어서 사실 절로 나서 자란다고

금낭화 군락

생각하기에는 무리가 있어 보인다. 어쨌든 금낭화는 화단에 심어진 것은 물론, 많은 장소는 아니지만 산림지역에서도 볼 수 있다.

금낭화의 가장 큰 특징이라면 허리춤에 차고 다니는 비단 주머니를 닮은 복잡하게 생긴 꽃의 모양이다. 이런 특징은 학명에도 잘 나타나 있다. 속명 *Dicentra*는 '2개'를 뜻하는 dis와 '꽃뿔'을 의미하는 centron의 합성어로, 꽃잎에 2개의 꽃뿔이 있는 식물이라는 것을 나타내고 있다. 종소명 *spectabilis*는 '아름답다'는 의미로 꽃의 아름다운 모양을 표현한다.

멀리서 이 꽃을 바라보고 있노라면 자주색 부분이 많아 붉게 보이는데, 하나하나를 자세히 뜯어보면 모양이 특이하다. 즉, 꽃은 전체적으로 꽃잎 4장이 모여 납작한 심장 모양을 이루고, 바깥쪽의 꽃잎 2장은 가느다랗게 좁아져 꽃뿔 모양으로 이룬 다음 뒤로 말려 있다. 그리고 나머지 꽃잎 2장이 합쳐져 방망이처럼 아래로 늘어져 꽃 전체 길이가 2~3센티

금낭화 꽃

금낭화 잎

미터 정도까지 자란다. 꽃 안쪽에는 수술 6개가 둘로 뭉쳐져 있고 1개의 암술이 있다.

금낭화의 꽃을 볼 때마다 항상 느끼지만, 꽃 모양 전체가 종이접기로 사람 얼굴을 만들어놓은 작품 같은 느낌이 든다. 만약 꽃에 주근깨처럼 검은색 반점이 있다면 어렸을 때 보았던 말괄량이 삐삐의 얼굴 같을 거라는 생각도 든다. 꽃을 매달고 있는 꽃줄기도 퍽 봐줄 만하다. 마치 낚싯줄에 낚싯바늘을 매달아놓은 듯 한쪽으로 치우쳐 위쪽을 향해 주렁주렁 피는데, 이때 꽃 몇 송이가 활짝 피면 꼭 커다란 물고기가 걸려 낚싯대가 아래로 휘듯이 금낭화 꽃줄기도 보기 좋게 아래로 늘어진다. 자료를 검색하다 보니 이름에 금낭화가 들어간 낚싯대 상표도 있던데, 아마도 금낭화를 잘 아는 사람이 지은 것 같다는 추측을 해본다.

금낭화라는 이름은 꽃이 비단 주머니 모양이라는 뜻이다. 지방에서는

현호색 (© 지성사)

'등모란', '덩굴모란', '며느리주머니', '며늘치'라고 부르기도 한다. 우리나라에서 자라는 금낭화속(屬) 식물은 금낭화 1종류뿐이며 어린순은 나물이나 묵나물로 먹는다.

금낭화에는 몇 가지 주의해야 할 성분이 들어 있다. 식물체 전체에 양귀비과(Papaveraceae)나 앵초속(*Primula*) 식물에 들어 있는 알칼로이드 성분과 많이 먹었을 때 마취 작용이나 경련을 일으키는 것으로 알려진 디센트린(dicentrine), 프로토핀(protopine)과 같은 물질이 들어 있다. 따라서 금낭화를 식용하고자 할 때에는 삶은 뒤에 반드시 물에 담가 우려낸 후 먹어야 한다. 또한 금낭화와 잎이 매우 비슷하게 생긴 현호색은 독성이 강해 특히 주의해야 한다. 금낭화는 꽃 모양이 특이하게 생겨 인기가 많다. 한번쯤 키워보고 싶은 식물이다. 주위를 둘러보니 뿌리잎에 흰 털이 많은 뽀리뱅이가 보인다.

17

부르기는 불편하지만 야무진 뻐리뱅이

이름만 들어도 뭔가 특이하게 생겼을 것 같은 식물들이 있다. 특히 동물이나 어떤 대상을 접두사나 접미사로 사용해 이름을 짓는 경우가 그렇다. 반면에 전혀 감이 오지 않는 이름도 있다. 뽀리뱅이! 감이 오는가? 『우리나라 식물명의 유래』라는 책을 보아도 뽀리뱅이라는 이름에 대한 유래나 전설은 없다. 떠도는 소문으로는 보리밭 근처에서 잘 자라서, 또는 먹을 것이 부족했던 춘궁기 보릿고개 때 곡식 대신 음식 재료로 사용해서 붙인 것이라고도 한다. 둘 중 어느 하나가 정답일지도 모르겠지만 "아하! 그래서 뽀리뱅이라고 이름을 붙였구나!" 하며 무릎을 탁 칠 정도로 와닿지는 않는다.

뽀리뱅이의 모습을 언뜻 보면 털로 가득한 잎 가운데로 속이 빈 줄기가 올라와 노란색 꽃이 피어 전형적인 초본류처럼 보인다. 그러나 줄기나 잎을 자르면 붉은빛의 유액을 분비해 씀바귀나 고들빼기처럼 초식동물로부

뽀리뱅이

뽀리뱅이 줄기와 잎

터 자신을 방어하는 것이 여간 야무진 것이 아니다. 왠지 흰색 유액보다는 붉은색이 훨씬 자극적이고 위험해 보인다는 것을 요놈이 아는 것이다.

어쨌든 이 정도면 뽀리뱅이의 소속이 어디인지 눈치 빠른 독자들은 짐작이 갈 것으로 안다. 바로 국화과다. 이른 봄 줄기가 올라오기 전 뿌리에서 올라온 뿌리잎은 냉이의 잎을 닮았다. 가장자리가 갈라져 있고 잎의 위쪽으로 갈수록 폭이 더 넓어진다. 잎에 듬뿍 나 있는 털은 추위를 버티는 데 유용하며, 여러 장의 잎이 방석처럼 로제트 모양으로 나서 비스듬히 자라는데, 비슷한 시기에 볼 수 있는 꽃다지에 버금갈 정도로 털이 많다. 아마 여느 봄 식물들과 마찬가지로 얄미운 꽃샘추위와 바람을 피하기 위한 전략이 아닐까 싶다.

뽀리뱅이 꽃은 뿌리잎이나 덩치에 비해 작다. 고작해야 지름이 7~8밀리미터밖에 되지 않는다. 그나마 햇볕이 잘 드는 길가나 풀밭에서 노란색으로 피기에 망정이지, 산책로 같았으면 주위의 메꽃이나 불란서국화 같은 붉은색과 흰색의 커다란 꽃들 틈에서는 눈길 한번 못 받을 것이다. 이런 단점을 극복하기 위해서인지 개체에 따라서는 노란 꽃다발처럼 꽃송이가 많이 달리는 것이 있는가 하면, 어떤 것은 줄기 끝에 겨우 몇 송이만 달리기도 한다.

뽀리뱅이는 국화과에 속하는 두해살이풀로, 학명은 *Youngia japonica*이다. 속명 *Youngia*는 미국의 식물학자 로버트 암스트롱 영(Robert Armstrong Young, 1876~?)의 이름에서 유래하였으며, 종소명 *japonica*는 일본에서 자란다는 의미이다. 우리나라에서 자라는 뽀리뱅이속(屬) 식물은 뽀리뱅이와 긴꽃뽀리뱅이 2종류가 있으며, 학자에 따라서는 이고들빼기나 까치고들빼기 등 여러 가지 고들빼기 종류가 포함되어 있는 긴고들빼기속(*Crepidiastrum*) 식물을 같은 속으로 취급하기도 한다. 2개의 속을 같은 속에 포함하였을 경우 뽀리뱅이는 전체에 털이 있고 열매 수과(瘦果)에 부리가 없으며

뽀리뱅이 뿌리잎

뽀리뱅이 꽃

뽀리뱅이 꽃과 열매

관모가 붙어 있어, 특징이 전혀 다른 긴고들빼기속 종류와는 차이가 있다.

지방에서는 뽀리뱅이를 '박조가리나물', '박주가리나물', '보리뱅이'라 부르기도 하는데, 박주가리과(Asclepiadaceae)에 박주가리라는 식물이 있으므로 혼동하면 안 된다. 뽀리뱅이는 이름에서 느껴지는 특별함은 없지만 봄철 고들빼기나 씀바귀와 견주어도 손색이 없을 정도로 흔한 식물이다. 어린순을 나물로 하지만 고들빼기나 씀바귀처럼 입맛을 돌아오게 하는 쓴맛의 대표격에는 끼지 못한다. 건너편에 지칭개가 보인다.

18

웰빙 식재료로 각광 받는 지칭개

요즘은 텔레비전을 켜면 하루 종일 봐도 다 못 볼 만큼 프로그램들이 넘쳐난다. 그 방송들을 가만히 보면 음식에 관한 것들의 비중이 점점 커지는 추세다. 음식 프로그램 덕분에 이름을 널리 알리게 된 사람이 있는가 하면 요리사에 대한 대우도 한층 높아진 것 같다. 그 이유는 남녀노소 맛있는 음식 싫다는 사람 없고, 몸에 좋은 음식 싫다는 사람도 없기 때문이리라. 그러니 뭐가 몸 어디에 특히 좋다는 이야기만 나오면 귀를 더 쫑긋 세우고 보게 된다. 웰빙, 힐링 등의 여파일까?

어느 날 방송을 보고 있는데 봄철에 먹으면 건강에 도움이 되고 잃었던 입맛도 되찾게 해준다면서 이상한 나물 재료를 소개하는 것을 보았다. 기껏해야 냉이나 달래 정도가 아닐까 생각했는데 화면에 비치는 모습이 조금 이상해 보였다. 눈에 익지 않은 풀이었기 때문이다. 설명을 들어보니 '지칭개'라는 식물의 뿌리에서 올라온 뿌리잎을 나물로 조리하는 것이었

왼쪽 지칭개 줄기와 꽃
오른쪽 지칭개 뿌리잎

다. 처음 보고 듣는 이야기였다. 겨울을 이겨낸 뿌리잎 사이에서 새싹이 돋아 나온 신선한 잎들은 연하고 식감도 좋아 식용으로 이용하는 것 같았다. 그런데 지칭개라는 이름을 듣고 내 머릿속에 떠오른 이미지는 좀 달랐다. 키는 1미터에 가깝고 줄기와 잎에 거미줄 같은 흰색 털이 무성하며, 잎도 냉이나 쑥처럼 가장자리가 많이 갈라진 험상궂은 모습이어서 썩 마음에 드는 모양새가 아니었던 것으로 기억하기 때문이다. 이젠 별걸 다 먹는구나! 한참을 혼자 중얼거렸던 일이 생각난다.

지칭개는 원줄기에서 가지를 많이 치고 잎은 여러 번 갈라지는데 위로 갈수록 잎자루가 짧아진다. 봄철 뿌리잎을 보면 꽃이 필 때까지 무척 빠른 속도로 성장해 5~6월이면 벌써 꽃이 핀다. 꽃 모양은 가시가 없는 엉겅퀴

지칭개 꽃봉오리

지칭개 꽃 (© 지성사)

지칭개 꽃 (© 지성사)

나 곤드레로 불리는 고려엉겅퀴 또는 조뱅이의 꽃과 비슷하다. 꽃의 아랫부분은 총포(總苞)라는 보호조직으로 감싸져 있는데 각각의 모양은 둥글고 윗부분에는 주름처럼 생긴 부속체가 달려 있다. 꽃부리는 연한 자주색이 도는데 언뜻 보면 총포 조각들이 꽃을 도망가지 못하게 꽁꽁 묶어놓은 것처럼 보인다. 열매가 산포되는 방법도 특이하여 수과가 익으면 부챗살이 펴지듯 윗부분이 넓어지면서 씨가 1개씩 날아간다. 민들레나 솜방망이의 씨가 바람에 날리는 모습과 비슷하다. 수과에는 15개의 능선이 있다.

이처럼 지칭개의 형태는 비슷한 곳에서 자라는 엉겅퀴 종류(*Cirsium*)나 조뱅이(*Breea*) 등과 유사하지만 총포 조각과 잎에 가시가 없어 구별되고, 오히려 이름이 예쁜 '각시취'나 '떡취'라고 부르는 '수리취' 등이 포함되어 있는 분취속(*Saussurea*)과 더 특징이 비슷하다. 분취속은 열매에 4개의 능선이 있고 총포 조각에 부속체가 없어 구별되며, 대부분 산지에서 자라기 때

지칭개 잎

문에 지칭개와 만날 확률이 낮다.

지칭개의 학명은 *Hemistepta lyrata*이다. 속명 *Hemistepta*는 '절반'을 뜻하는 hemi와 '관모'를 뜻하는 steptos의 합성어로, 관모가 2줄로 달리지만 바깥쪽 것은 짧다는 뜻이고, 종소명 *lyrata*는 잎의 끝 조각이 가장 크고 아랫부분은 잘게 갈라진다는 뜻이다.

지칭개라는 우리 이름의 어원은 '즈츰개'에서 비롯되었다고 한다. 한방에서 종기를 치료하고 출혈을 멈추게 하기 위해 잎과 뿌리를 찧어 바른다는 의미가 있는 것으로 보인다. 우리나라에서 자라는 지칭개속(屬) 식물은 지칭개 1종류뿐이며, 지방에서는 '지칭개나물'이라 부르기도 하고 어린순은 나물로 한다.

아직까지 지칭개 나물의 맛을 보지는 못했다. 뭔가 오묘한 맛일 것 같다. 그런데 기회가 없기도 했지만 실은 잎 뒷면에 가득 나 있는 흰색 털 때문에 그다지 구미가 당기지도 않는다. 이러다가 모든 식물의 식용화가 이루어지는 것은 아닌지 쓸데없는 걱정이 든다. 주변에 지천으로 널린 개쑥갓에 눈길이 간다.

고려엉겅퀴

엉겅퀴

조뱅이

19

가짜 쑥갓이라 슬픈 개쑥갓

먹방, 즉 먹는 것을 주제로 하는 방송에서 유명세를 타는 요리사들은 대부분이 남자다. 어떤 이는 서양식 전문, 어떤 이는 한식 전문, 또 이것저것 가리지 않는 전천후 요리사도 있다. 그런데 내가 만드는 요리는 왜 맛이 없을까? 아마도 맛을 내는 데 적절한 노하우가 없어서일 것이다. 음식에도 궁합이 있다는 말이 있듯이 특정한 요리를 위해서는 필요한 재료들이 반드시 들어가야 제맛이 난다는 이야기다.

쑥갓을 예로 들어보자. 쑥갓이라고 하면 얼른 생각나는 것이 시원한 매운탕에 들어가는 향기 나는 채소라는 것과 상추쌈과 함께 먹는 쌉쌀하고 향긋한 채소라는 것 정도다. 물론 매운탕이나 쌈을 먹을 때 쑥갓이 반드시 필요한 재료는 아니지만, 생선의 비린내를 없애거나 쓴맛 나는 쌈을 보다 맛있게 먹으려면 꼭 필요한 재료라는 뜻이다.

야생에서도 쑥갓을 닮아 이름 붙인 '개쑥갓'이란 식물이 있다. 혼동을

개쑥갓 꽃과 열매

피하기 위해 미리 말하자면 이 둘은 모두 국화과(Compositae)에 속하지만 이름만 비슷할 뿐, 쑥갓은 데이지라고 불리는 불란서국화가 포함된 쑥갓속(*Chrysanthemum*)에, 그리고 개쑥갓은 금방망이속(*Senecio*)에 속하는 엄연히 다른 종이다. 개쑥갓은 놀라운 번식력으로 자타가 공인하는 다산의 상징이다. 씨앗이 발아한 뒤 6주 안에 다시 씨를 맺을 정도라고 한다. 또 한해살이 또는 두해살이풀이기는 해도 끈질긴 생명력은 질경이와 민들레 못지않다. 그 결과 유럽에서 우리나라에 도입된 후 지금은 전국에 절로 나서 자라는 종류처럼 널리 흩어져 자라고 있다.

얼마 전 춘천에 위치한 소양강댐에서 수변식물 조사를 할 기회가 있었다. 하류지역이야 수량이 많아 접근도 못할뿐더러 산림지역과 인접해 있어 습지식물 종류를 찾기가 쉽지 않았다. 그러다 생각한 것이 댐의 상류지역이나 마을과 인접해 있는 곳은 뭔가 특이한 식물이 있을 것 같아 그곳

1 개쑥갓 2 개쑥갓 (© 지성사) 3 쑥갓

을 집중적으로 조사하기로 했다. 몇 군데를 조사하다가 강원도 양구군 오음리 지역의 물이 빠진 곳을 갔더니 거북의 등짝처럼 갈라진 상류지역에 일부러 재배해놓은 것처럼 노란 꽃을 피우며 자라는 식물이 있었다. 자세히 보니 개쑥갓이었다. 기껏해야 밭둑이나 빈터에서 몇 개체씩만 보다가 이렇게 드넓은 면적을 보니 놀라지 않을 수 없었다. 그 군락 속을 잠시 걸었더니 내 발걸음이 일으키는 바람 탓에 여기저기 여물었던 씨가 하얀 관모를 달고 눈발 날리듯 하늘을 향해 날아가는 것이었다. 비록 외래식물이기는 하지만 그야말로 장관이었던 그 모습을 지금도 잊을 수 없다.

개쑥갓은 자라는 곳에 따라 생육에 차이가 있어 키가 10센티미터가 채 되지 않는 것부터 40센티미터가 훌쩍 넘는 큰 개체까지 다양하다. 개쑥갓은 유럽 원산의 한해 또는 두해살이풀로, 학명은 *Senecio vulgaris*이다. 속명 *Senecio*는 '노인'을 의미하는 라틴어 senex에서 유래한 것으로, 흰색의 관모가 머리가 하얀 노인을 닮아 붙인 듯하다. 종소명 *vulgaris*는 '보통의' 또는 '튀지 않는다'라는 뜻인데 평범하게 자란다는 의미인 것 같다.

개쑥갓이라는 우리 이름은 쑥갓과 비슷하다는 의미에서 붙였으며, 우리나라에는 개쑥갓이 포함되어 있는 금방망이속(屬) 식물이 10종류 정도가 자라고 있다. 그중 가장 흔한 것으로는 솜방망이가 있다. 개쑥갓은 지방에서 '들쑥갓'이라 부르며, 유럽에서는 월경통 완화를 위해 식물체 전체를 약으로 사용한다. 개쑥갓의 씨가 여물어 날아가기 시작하면 그 일대는 눈꽃이 피듯 흰색으로 뒤덮인다. 멋진 풍광이지만 농부들한테는 그리 달갑지 않은 손님이다. 이듬해 길주변이나 밭에서 성가신 잡초로 다시 만나기 때문이다. 늘어지듯 줄기를 옆으로 뻗는 괭이밥이 건너편에 보인다.

솜방망이

20

고양이의 병을 고쳐주는 괭이밥

식물 이름에 동물이 들어간 것은 그리 많지 않다. 제비꽃, 해오라비난초, 거북꼬리처럼 생김새나 색깔 등을 바탕으로 하여 지은 이름은 한번 들으면 잘 잊히지 않는다. 그런가 하면 며느리배꼽, 큰처녀고사리, 괭이밥 등은 어느 정도 유추(類推)를 해야 어떤 특징의 식물인지 알 수 있다. 괭이밥을 예로 들어보자. 일반적으로 괭이는 농사를 지을 때 사용하는 쟁기의 한 종류이지만, 식물 이름 괭이밥은 고양이와 연관이 있다. 어릴 적 시골에서 '고양이시금치'라 불렀던 괭이밥은 잎과 줄기에 수산(蓚酸), 즉 옥살산(oxalic acid)이 들어 있어 먹어 보면 떫고 신맛이 난다. 괭이밥의 속명 *Oxalis*도 신맛이 난다는 뜻이다. 이 신맛은 고양이의 병을 고치기도 하는데 먹이를 먹고 난 고양이가 배가 더부룩하고 불편할 때 괭이밥을 뜯어 먹으면 소화가 된다는 이야기다. 갓난아이에게 우유를 먹이고 등을 쓰다듬어 트림을 시키는 것처럼 괭이밥이 등을 쓰다듬어주는 역할을

괭이밥

한다고나 할까? 어떻게 이런 사실을 알아냈는지 궁금할 따름이다.

괭이밥의 잎은 수면운동을 하는 것으로도 유명하다. 낮에는 작은 잎들을 펼쳐 우산 같은 모양이지만 날씨가 흐리거나 밤이 되어 햇빛의 양이 줄어들면 잎을 접어버리는 생체리듬을 가진, 조금은 색다른 식물이다. 이런 현상의 원인은 빛이나 온도 등 외부 자극에 대한 반응, 즉 경성에 의한 생장운동 때문이다. 또한 농도가 낮은 용액에 세포를 넣으면 세포 내부에서 세포벽을 밀어내는 압력이 발생하는 팽압운동에도 원인이 있는 것으로 알려져 있다. 팽압운동은 식물의 운동기관인 잎자루 아랫부분이 부풀어 있는 엽침 또는 그 밖의 식물 운동세포 내에서 팽압에 의한 변화로 일어

잎을 접은 괭이밥

괭이밥 꽃

괭이밥 잎

괭이밥 열매

나는 움직임을 뜻한다. 콩과(科) 식물이나 미모사의 잎에서 일어나는 현상과 같다.

괭이밥은 뿌리를 땅속 깊이 내리지만 줄기는 밑부분에서부터 많은 가지를 치므로 땅을 기어가며 자라는 기는줄기[匍匐莖]처럼 보이기도 한다. 그러나 다 자라면 길이가 한 뼘 정도나 된다. 물론 거리의 보도블록이나 돌 틈에 끼어 자라는 것은 5센티미터가 채 되지 않은 것이 보통이다. 잎은 긴 잎자루 끝에 작은 잎 3장이 사이좋게 모여 있는데 잎을 활짝 펼치고 있는 모습이 잘 만들어진 조각품처럼 아름답다. 작은 잎 하나하나가 하트 모양을 닮았기 때문이다. 그래서 꽃말도 '빛나는 마음'이 아닌가 싶다.

괭이밥의 학명은 *Oxalis corniculata*이다. 속명 *Oxalis*는 앞에서도 잠깐 언급했듯이 '신맛이 난다'는 그리스어 oxys에서 유래하였으며, 종소명 *corniculata*는 '작은 뿔 모양'이라는 뜻으로 열매의 모양을 표현한 것이다. 열매는 길고, 익으면 배봉선이 열리는 삭과여서 잘 익은 열매에 스치기라도 하면 세로로 놓인 봉합선이 갈라지면서 많은 씨가 밖으로 튀어 나간다. 우리나라에서 자라는 괭이밥속(屬) 식물은 선괭이밥, 애기괭이밥, 큰괭이밥 등을 포함하여 약 10종류가 있는데, 괭이밥과 자라는 곳이나 형태가 비슷한 종류는 선괭이밥으로, 이 식물은 줄기가 곧추서고 가지를 치지 않으며 꽃은 꽃차례에 1~3송이씩 달려 괭이밥과는 차이가 있다.

괭이밥은 지방에서 '괭이밥풀', '괴싱아', '눈괭이밥', '덤불괭이밥', '선괭이밥', '선괭이밥풀', '선시금초', '시금초', '외풀' 등이라 부르며, 민간에서는 식물체를 식용으로 한다.

화분에 관상용으로 재배하는 '사랑초'라는 식물도 괭이밥의 한 종류인데 심장 모양인 붉은색 잎에서 붙인 이름이라고 한다. 괭이밥도 야생 사랑초로 관상 가치가 있다. 연달아 피는 꽃과 펼치고 접히기를 반복하는 잎이 충분한 자랑거리가 되기 때문이다. 저만치 화단 너머로 보라색이 멋진 자주닭개비가 보인다.

큰괭이밥

선괭이밥

사랑초 (© 지성사)

21

출근길을 반겨주는 고마운 친구
자주닭개비

'아침형 인간'이란 말이 있다. 오후보다는 오전에 많은 일을 처리하는 부지런한 사람들을 일컫는 말로 이해할 수 있을 것 같다. 나는 어렸을 때부터 경험하고 습관화된 것이 지금까지도 몸에 배어 있어, 잠을 자다가도 매일 같은 시각에 눈을 뜬다. 그러다 보니 자연스럽게 남들보다 출근 시간대가 빨라 붐비는 시간 전에 아주 여유롭게 출근할 수 있다. 게다가 그리 먼 거리는 아니지만 주차한 후 건물로 들어가기 전까지 한 번쯤은 주변 경관을 제대로 둘러보는 장점도 있다. 해마다 5월부터 학기가 끝나는 6월까지 아침에 항상 눈맞춤을 하는 식물이 있다. 이 식물은 햇빛이 강한 낮이나 오후에는 꽃이 지지만 이른 오전에는 아주 깨끗하고 화사하게 꽃이 핀다. 아침 출근을 환영한다는 듯, 어젯밤에도 잘 잤냐는 듯, 오늘 하루도 즐거운 일만 있기를 바란다는 듯, 항상 나를 반겨주는 '자주닭개비'다.

자주닭개비

닭의장풀

흔히 달개비로 알려진 '닭의장풀'과 같은 과(科)에 속하지만 속(屬)은 다르다. 이름은 비슷해도 막상 둘을 비교해보면 모양부터 천지차이다. 특히 꽃의 모양에서 뚜렷이 구별되는데, 닭의장풀의 꽃은 넓은 심장 모양에 안으로 접히는 2장의 포로 싸여 있고 3장의 바깥꽃잎은 얇고 무색인 반면, 안쪽꽃잎 3장 중 위쪽의 2장은 둥글고 하늘색이지만 나머지 1장은 작고 무색이다. 또 6개의 수술 중 2개는 꽃밥이 있지만 4개는 꽃밥이 없고 하늘색 꽃이 핀다. 따라서 짙은 자줏빛으로 피는 자주닭개비와는 차이가 크다. 하지만 줄기를 자르면 끈적끈적한 수액이 나오고 잎이 두툼하다는 공통점도 있다.

자주닭개비 수액

자주닭개비는 실험 재료로 잘 알려져 있다. 꽃의 수술은 유사분열 과정을 위해, 그리고 잎의 표피는 세포나 기공의 관찰 재료로 자주 사용된다. 수분을 많이 함유한 잎을 뒤로 젖혀 반으로 접은 후 위쪽을 당기면 얇은 표피

자주닭개비 잎

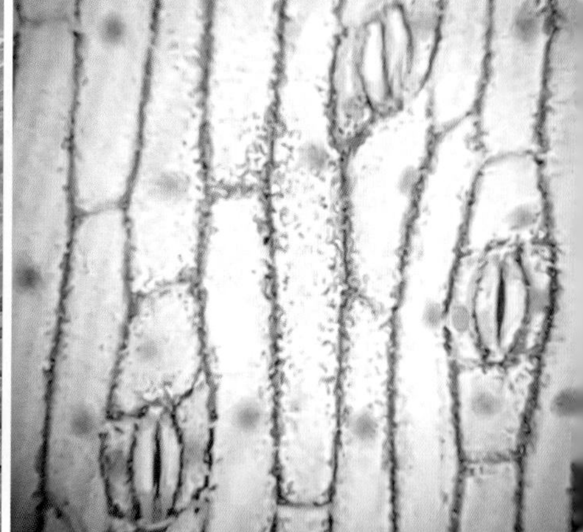

자주닭개비의 표피세포와 기공

세포가 벗겨져 나온다. 이 조각을 슬라이드글라스에 놓은 다음 사프라닌(safranin)이나 카민(carmin)으로 염색하여 프레파라트(preparat)를 만들어 현미경으로 관찰하면 식물 세포의 모양과 기공의 특징을 뚜렷하게 관찰할 수 있다. 진달래나 철쭉처럼 잎의 표피조직이 잘 벗겨지지 않는 종에 비하면 자주닭개비 잎에서 표피세포를 분리하는 것은 말 그대로 식은 죽 먹기다.

한편, 자주닭개비는 꽃의 구조도 특이하다. 꽃잎은 바깥꽃잎과 안쪽꽃잎으로 이루어져 있고 모두 3장씩이지만 색깔은 자녹색과 자주색으로 차이가 있다. 위에서 꽃을 내려다보면 꼭짓점이 무딘 둥근 삼각형처럼 보인다. 자주닭개비는 다른 개체의 꽃가루로 수정이 이루어지는 타가수정과 자기 꽃에서 꽃가루를 받아 수정이 이루어지는 자가수정을 하는 식물로 알려져 있다. 타가수정을 위해 꽃가루를 나르는 벌이나 나비 등 매개체가 없으면 스스로 제꽃가루받이를 하는 독특한 전략을 펼치는 것이다.

자주닭개비의 학명은 *Tradescantia reflexa*로, 속명 *Tradescantia*는 영국 왕

자주닭개비 꽃

찰스 1세의 원예가인 존 트라데스칸트(John Tradescant, ?~1637)에서 유래했으며, 종소명 *reflexa*는 뒤로 젖힌다는 뜻이다. 자주닭개비라는 우리 이름은 꽃의 색깔에 빗대어 붙인 이름인 듯싶다.

우리나라에는 자주닭개비속(屬)에 자주닭개비 1종류만 자라며, 지방에서는 '양달개비', '양닭개비', '자주닭개비', '자주닭의장풀'이라 부른다. 자주닭개비는 줄기 여러 개가 한꺼번에 올라와 뭉쳐나므로 마치 화분에 심어놓은 것처럼 보인다. 출근 시간이면 늘 반갑게 맞이해주는 친구 같은 존재, 항상 곁에 두고 싶은 식물이다. 화단 주변 양지쪽으로 개밀이 있다.

22

꼼꼼한 관찰의 필요성을 알게 해준 개밀

봄이 지나가는 6월이면 여름 식물이 등장할 채비를 시작한다. 우리나라에는 장마철이 있어 이 시기는 식물의 생육이 좀 위축되기도 하지만, 날이 갈수록 짙어지는 숲의 푸르름은 지친 눈을 맑고 시원하게 해주는 원동력이 된다. 이 무렵에 바깥으로 나가 보면 눈에 확 들어오는 꽃을 볼 수 있는 식물이 그리 많지 않아도 하늘하늘 바람에 몸을 맡기며 흔들리는 날씬한 몸매의 '개밀'이란 식물이 있다.

이름에서 풍기듯이 밀가루를 만드는 '밀'과 비슷하다는 의미로 이름을 붙인 것 같지만 열매가 맺혔을 때 밀의 모습과 비교하면 퍽 가냘프다. 식물학적으로 밀은 밀속(*Triticum*)에, 개밀은 개밀속(*Agropyron*)에 속하여 차이는 있지만, 속명은 '야생'을 뜻하는 그리스어 agros와 '밀'을 뜻하는 pyros의 합성이어서 '야생밀'이란 의미로 보면 연관성이 있다. 물론 개밀속은 여러해살이풀이고 재배되지 않으며 호영이 둥글고 밑부분이 대칭인

개밀 군락

데 비해, 밀속은 한해살이풀로 재배되며 호영이 젖혀지고 약간 비대칭이라는 차이가 있다.

개밀은 벼과(Gramineae)에 속하는 식물이니만큼 꽃이 화려하지는 않지만 길가나 들에서 주로 자라고, 줄기에 녹색 또는 밀가루를 뿌려놓은 듯 흰빛이 돌아 쉽게 만날 수 있다. 꽃줄기는 길게 늘어지고 열매가 익을수록 옆으로 처진다. 꽃줄기 하나에 대부분 꽃이 5~10송이씩 달리는데, 긴 꼬리 모양의 까락이 있어 위협감을 주기도 한다.

나는 매주 한 번씩 아버지가 계시는 고향 집을 방문한다. 홀로 계신 적적함을 달래 드리기 위해 말동무가 되기도 하고 식사도 차려드린다. 집에서는 어지간해서 설거지도 하지 않지만 고향 집에서는 예외다. 그런데 언제부턴가 고향 집 마을에 도착할 때쯤이면 큰길을 피해 중학교 앞을 가로지르는 논두렁 옆의 농로를 이용해서 가는 것이 일상이 되었다. 직선거리로는 불과 몇백 미터 정도이지만 차창 밖으로 보이는 풍광이 그 어느 곳도 부럽지 않을 정도로 아름답기 때문이다. 왼편으로는 누런 곡식이 익어가는 논들이 펼쳐져 있고 오른쪽에는 집들이 늘어서 있다. 집 마당과 농로 사이에는 온갖 화초나 약용식물이 심어져 있어 매주 그 길을 지날 때마다 익모초, 코스모스, 무궁화, 야콘, 더덕 등등이 변하는 모습을 보는 것이 매우 좋았다.

개밀 꽃

어느 날, 출근하기 위해 아침 일찍 아버지와 인사를 나누고 농로로 나선 참이었다. 한여름이라 해가 일찍 떠 7시 전인데도 한낮 같은 아침, 햇빛에 반사되어 강한 느낌을 주는 무언가가 차창 밖으로 보였다. 차를 세우고 그 주인공을 살펴보기로 했다. 가까이 가서 보니 늘어진 개밀의 이삭이었다. 농로를 따라 길게 이어진 개밀 군락이라니! 주변 화초들에 비하면 꽃의 화려함은 없지만 햇빛을 받아 빈짝거리는 모습은 보석이 빛나는 듯 아름다운 광경이었다. 지금도 그 빛이 머릿속에 생생하다.

개밀의 학명은 *Agropyron tsukushiense* var. *transiens*이다. 속명 *Agropyron*

은 '야생밀'이란 뜻이고, 종소명 *tsukushiense*는 일본의 큐슈 지방에서 자란다는 의미이며, 변종소명 *transiens*는 중간 종이란 뜻을 가지고 있다. 우리나라에 자라는 개밀속 식물은 약 10종류가 있으며 이름에 모두 '개밀'이란 낱말이 들어 있다. 개밀은 지방에서 '수염개밀' 또는 '들밀'이라 부르기도 한다.

대학에서 식물분류학 과목을 수강할 때, 개밀이 등장하면 교수님께서는 항상 긴 까락을 가진 호영 하나를 따내어 안쪽에 들어 있는 열매의 크기를 관찰하라고 하셨다. 비슷한 종류인 '속털개밀'과 구별하기 위해서인데 속털개밀은 안쪽 열매가 호영보다 크기가 작지만 개밀은 크기가 같다는 차이가 있다. 마치 큰괭이밥과 괭이밥이 잎의 크기로 쉽게 구별하는 것처럼 말이다. 이런 작은 차이를 어떻게 알아냈을까? 작은 형질 하나하나를 꼼꼼히 살피고 세심하게 기록한 선배 분류학자들이 새삼 존경스럽다. 주변에 나팔을 닮은 메꽃이 반긴다.

23

나팔꽃이라 잘못 불리는 메꽃

어떤 특정한 것에 매력을 느끼면 그것에 모든 것을 쏟아 붓는 경우가 많다. 고등학교 입시를 준비하거나 대학 입시를 앞에 둔 중3, 고3 학생들이 이렇게 한곳에 집중하여 노력한다면 얼마나 좋을까! 자식을 가진 부모들의 한결같은 바람이 아닐까 싶다. 하지만 자칫 잘못하여 엉뚱한 길로 빠지기도 한다. 식물 중에서도 잘못된 각인 때문에 이름에 많은 혼동을 일으키는 종류가 있다. 바로 '메꽃'이다.

대부분의 사람들이 메꽃의 꽃을 보면 십중팔구는 나팔꽃이라고 생각하기 쉬울 정도로 메꽃은 오랫동안 나팔꽃으로 불려왔다. 달덩이처럼 커다란 분홍색 꽃이 마치 나팔을 들고 있는 나팔수가 힘껏 불어대는 소리처럼 시원하고 반갑게 다가왔다. 이처럼 들이나 바닷가 또는 집 안의 화단에서 볼 수 있는 나팔 모양의 꽃을 가진 식물은 모두 나팔꽃으로 불렸기 때문에 지금까지 혼동을 가져오게 된 것이다.

지금부터 이 두 종이 어떻게 다른지 알아보자. 나팔꽃은 줄기와 잎에 털이 있다. 눈으로 봐도 털이 있는 것이 확인될 정도로 많다. 두 번째는 잎의 모양이다. 메꽃은 장타원상 피침형으로 밑부분이 귀처럼 생긴 이저(耳底)로 양쪽으로 길게 튀어나와 있는 반면, 나팔꽃은 심장 모양으로 대부분 3갈래로 갈라진다. 메꽃은 꽃이 1송이씩 달리지만 나팔꽃은 1~3송이씩 달려 꽃이 더 많이 달린 것처럼 보인다. 깔때기 모양의 꽃 길이와 색깔도 메꽃은 길이가 5~6센티미터, 지름이 5센티미터 정도이고 연한 붉은색으로 피지만, 나팔꽃은 지름이 10센티미터 이상으로 크고 꽃이 붉은자주색, 푸른 자주색, 흰색, 붉은색 등 다양한 색으로 피어 차이가 있다.

메꽃은 땅속으로 뻗는 줄기, 즉 지하경(地下莖)이 있고 마디에서 줄기가 올라와 여러 개체가 함께 모여나는 것처럼 보이기도 하며, 덩굴 형태로 서로 엉켜 자라기도 한다. 뿌리처럼 뻗어내린 땅속줄기를 '메'라고 불렀고, 이 메를 호미로 캔 후 손으로 쓱쓱 닦아 먹었던 어렸을 때의 기억이 있다. 아삭아삭하고 달착지근한 맛이었다. 해가 저무는 것도 잊은 채 열심히 뛰어놀다 출출함을 느낄 때 몇 조각만 먹으면 간단한 요깃거리로 충분했다. 이처럼 메꽃은 잘 발달한 지하경으로 번식하는 덕분에 꽃 속에 수술 5개와 암술 1개가 있어도 열매를 잘 맺지 않지만, 나팔꽃은 익으면 봉합선 부

나팔꽃

메꽃 잎

분이 열리는 삭과(蒴果)를 맺고 3개의 방에 각각 씨가 2개씩 들어 있다. 따라서 우리가 흔히 보는 것들이 대부분 메꽃 종류로 생각해도 괜찮다.

메꽃 꽃

메꽃의 학명은 *Calystegia sepium* var. *japonicum*이다. 속명 *Calystegia*는 '꽃받침'을 뜻하는 그리스어 calyx와 '뚜껑'을 의미하는 stege의 합성어이고, 종소명 *sepium*은 '산울타리'라는 뜻이다. 변종소명 *japonicum*은 일본에서 자란다는 의미다. 메꽃의 우리 이름에 대한 유래는 없지만 땅속줄기인 '메'를 가진 꽃이란 뜻으로 이해하고 싶다.

우리나라에서 자라는 메꽃속(屬) 식물은 7종류가 있는데, 그중 나팔꽃과 둥근잎나팔꽃은 외래식물이고, 갯메꽃은 중부 이남의 바닷가에 자라며 메꽃, 애기메꽃, 큰메꽃, 선메꽃 4종류만이 내륙지역에서 볼 수 있다. 메꽃과 형태적으로 가장 가까운 애기메꽃은 꽃이 4센티미터 이하로 작고, 잎 아랫부분 열편이 2개로 갈라져 차이가 있다.

메꽃은 지방에서 '가는메꽃', '가는잎메꽃', '메', '좁은잎메꽃'이라고도 부른다. 민간에서는 통통한 뿌리줄기를 밥에 넣어 먹기도 하고 어린순은 나물로 한다. 길을 걷다 나팔 모양의 꽃을 만나면 이젠 잎과 꽃을 자세히 들여다보라. 나팔꽃으로만 알았던 머릿속의 기억을 제대로 정리해야 하기 때문이다. 저 멀리 땅바닥을 기어가듯 줄기가 널려 있는 애기땅빈대가 보인다.

애기메꽃 (© 지성사)

갯메꽃

둥근잎나팔꽃

24

바닥 기어가기의 달인 애기땅빈대

아주 작다는 표현을 할 때 '빈대'라는 낱말을 자주 사용한다. 기성세대야 빈대가 어떤 동물인지 감이 오겠지만, 50대인 나도 이젠 기억 속에서 가물가물하다. 그래도 작은 일을 하려다 큰일까지 그르친다는 뜻의 "빈대 잡으려다 초가삼간 다 태운다"라는 속담은 누구나 알고 있을 것이다. 또 속사정까지야 잘 모르더라도 경상북도 청도군 매전면의 장연사에 전해 내려오는, 빈대가 많아서 절이 망해버렸다는 이야기도 유명한 일화다.

빈대(*Cimex lectularius*)는 노린재목의 빈대과(科)에 속하며 몸길이는 6.5~9밀리미터로 1센티미터가 채 안 되는 작은 곤충이다. 먹이를 먹으면 몸체가 커지기는 하지만 눈을 크게 뜨고 찾아야 볼 수 있을 정도다. 사람을 포함한 동물에게 옮겨 다니며 피를 빨아먹고 번식하는 과정을 되풀이하므로 한번 노출되면 오랫동안 고생스럽다. 오죽하면 영어 이름이 bedbug

애기땅빈대 군락

일까! 글을 쓰면서도 빈대를 생각하니 몸이 근질근질해지는 것 같다.

식물에도 빈대가 있다. 역시 작다는 뜻이다. 그런데 빈대라는 낱말 앞에 '땅'과 '애기' 자가 붙었다. 도대체 어떤 의미가 있을까? 이름 그대로 땅에 붙어 자라는 애기빈대처럼 크기가 작은 식물을 말한다. 어른들의 평균 키를 170센티미터라고 한다면, 그 높이에서 다른 식물들과 어울려 자라는 애기땅빈대를 바로 찾기 어렵다는 뜻도 된다. 물론 땅빈대, 큰땅빈대 등 몸집이 커다란 종류도 있긴 하지만 말이다.

애기땅빈대는 대극과(Euphorbiaceae)에 속하는데, 이 과의 특징인 배상화서[杯狀花序]라는 독특한 꽃차례 때문에 꽃을 보기도 쉽지 않다. 배상꽃차례에서 꽃은 잎처럼 생긴 보호조직, 즉 술잔처럼 생긴 총포(總苞)로 둘러싸여 있어 꽃이 없는 것처럼 보이지만, 총포를 열어보면 그 안에 수술 1개인 수꽃과 암술 1개인 암꽃이 들어 있고, 그 크기는 1밀리미터 정도로 아주 작다. 따라서 현미경이나 루페로 관찰해야 제대로 된 모양을 볼 수 있다.

애기땅빈대는 북아메리카 원산의 한해살이풀이며, 학명은 *Euphorbia supina*이다. 속명 *Euphorbia*는 로마시대 누미디아(Numidia)의 왕 주바(Juba)가 그의 주치의인 유포비아(Euphorbia)를 위해 붙인 이름으로, 그가 처음으로 이 식물을 약용으로 했다고 하며, 종소명 *supina*는 넓게 퍼져 자란다는 뜻이다. 우리나라에서 볼 수 있는 대극속(*Euphorbia*) 식물에는 13종류 정도가 있는데, 이 중에는 크리스마스 때 주로 볼 수 있는 포인세티아(poinsettia)도 포함되어 있다.

애기땅빈대, 땅빈대, 누운땅빈대, 큰땅빈대, 털땅빈대 등 5종에서 앞의 3종류는 줄기가 땅으로 기는줄기이고, 땅빈대는 열매에 털이 없어 나머지와 차이가 있다. 애기땅빈대는 잎에 검은색 반점이 있지만 누운땅빈대는 반점이 없어 구별된다. 나머지 큰땅빈대와 털땅빈대는 줄기가 비스듬히 서거나 곧게 서는데 큰땅빈대는 열매에 털이 없지만 털땅빈대에는 털이 있어 구별된다. 애기땅빈대는 지방에서 '좀

애기땅빈대의 기는줄기(미국 플로리다 게인스빌)

애기땅빈대 잎

큰땅빈대 열매

땅빈대', 북한에서는 '애기점박이풀'이라 한다.

왠지 애기땅빈대는 이름이 특이해서 기억하기 쉬운 식물인 것 같다. 비록 우리나라에서 절로 나서 자라는 식물은 아니지만 집 밖의 양지쪽에 항상 보이고, 크기도 작아 길을 걷다 잠시 쉴 때면 한번쯤 자세히 볼 수 있는 종류여서 더 애착이 간다.

미국의 어느 아파트 계단 아래 시멘트 길가에 터전을 잡고 발아한 씨가 자라 꽃이 피기까지, 무덥고 습한 플로리다의 여름을 견뎌낸 애기땅빈대를 본 적이 있다. 한낮의 시멘트 표면온도가 적어도 40도 이상은 될 텐데도 꿋꿋하게 버티는 모습을 보면서 끈질긴 생명력에 감탄이 절로 나왔다. 그 척박한 환경에서 꽃과 열매까지 맺었으니 살아남는 것으로 본다면 최고의 식물이 아닌가 싶다. 물가 쪽에 매발톱이 보인다.

25

험상궂지만 꽃이 매혹적인 매발톱

매는 용맹하기로 유명한 우리나라 텃새로 천연기념물 제323호로 지정되어 있다. 먹이를 위해 절벽이나 나무 위에 앉아 있다가 먹잇감이 눈에 띄면 급강하하여 발로 차듯 떨어뜨려 잡는다고 하는데, 오리나 도요새 등 중간 크기의 조류는 물론이요 가끔씩은 들쥐나 멧토끼도 그 대상이 된다. 먹이 사냥에는 주로 잘 발달된 발을 사용하는데 발톱과 더불어 강한 힘을 낼 수 있는 구조로 되어 있다. 식물 중에도 '매발톱'이란 종류가 있다. 매발톱의 학명 중 속명 *Aquilegia*의 의미로만 본다면 aquila는 '독수리'를 의미하는 라틴어이므로 '매발톱'은 사실 '독수리발톱'이어야 맞다. 그런데 독수리보다는 매가 더 흔한 새라 이렇게 이름을 붙인 것이 아닌가 생각된다.

어쨌든 꽃의 생김새를 보고 붙인 이름이어서 그런지 실제로 봐도 매가 비행하는 듯한 위압감이 느껴진다. 꽃은 아래를 향해 피며 자주색 꽃받침

1 매발톱 군락 2 매발톱 꽃 3 매발톱 잎

조각은 끝이 뾰족하여 보는 이들을 위협하는 듯하고, 안쪽에 있는 5장의 노란색 꽃잎이 화려하다. 꽃뿔은 꽃잎과 길이가 비슷하고 끝이 안쪽으로 말리는데, 이렇게 활짝 핀 꽃을 위에서 내려다보면 먹잇감 사냥을 위해 잔뜩 독기를 품고 있는 매의 발톱을 닮은 것처럼 보인다.

이런 아름다움 때문인지 지금은 겹꽃이나 다양한 색깔의 원예종이 개발되어 화단이나 길 주변을 장식한 매발톱을 많이 볼 수 있다. 강원도 원주시의 치악산 성황림 주변 식물을 조사하다가 계곡을 따라 올라간 곳의 빈터와 집 주변에 매발톱 종류가 잔뜩 심어져 있는 것을 본 적이 있다. 빈터를 활용하기 위해 심은 듯했지만, 집 울타리에 심어져 있는 종류는 우리나라에서 절로 나서 자라는 종류가 아니고 모두 원예종인 듯했다. 특히 진보라색의 꽃 색깔이나 겹꽃이 피는 품종은 화려함이 넘쳐나 보였다. 매발톱도 이렇게 큰 군락을 이룬다면 원예종 못지않게 아름다운 풍광을 보여주지 않을까 하는 생각도 했다.

매발톱속(屬) 식물들은 몇 가지 발달한 형질을 가지고 있는 것으로 알려져 있다. 예를 들면 꽃뿔은 종류별로 길이가 1~15센티미터로 아주 다양한데, 그 이유는 자라는 곳, 해발고도에 따라 꽃 색깔과 수분 매개체가 다르기 때문이라고 한다. 매발톱 종류의 수분을 담당하는 생물은 박각시나방 종류, 뒤영벌, 벌새 등이 대표적인데, 꽃뿔의 길이와 수분 매개자들의 특징, 예컨대 박각시나방의 주둥이 길이 등은 적응을 위해 오랫동안 식물과 동물이 공진화한 결과로 보인다.

한편, 매발톱의 경우는 제꽃가루받이를 방지하기 위해 수술이 암술보다 먼저 성숙하는 시간적 격리 전략을 가지고 있으며, 먼저 핀 꽃은 수술의 성숙 기간이 더 길고 꽃가루의 양도 많아 나중에 피는 꽃보다 씨를 더 많이 만들어낸다는 연구 결과도 있다. 생존 전략이 나름대로 발달한 종류다. 열매인 골돌(蓇葖)이 잘 익어 5갈래로 갈라지면 안쪽에 검은색 씨가 드러난다. 언젠가 갈라진 열매를 보았을 때 씨가 꽤 많이 들어 있었던 것으로 기억하는데, 기회가 되면 각각의 열매 속 씨앗의 수를 비

매발톱 열매

교해봐야겠다.

학명은 *Aquilegia buergeriana* var. *oxysepala*이다. 속명 *Aquilegia*는 '독수리'를 뜻하는 라틴어 aquila에서 유래하였고 구부러진 꽃뿔의 모양을 표현한 것이라고도 하며, '물'을 의미하는 aqua와 '모인다'는 뜻의 legere의 합성어로 '꽃뿔 안에 물이 고이는 식물'이라는 뜻이라고 한다. 종소명 *buergeriana*는 일본에서 활동한 식물채집가인 버거(Buerger)를 기념하기 위한 것이며, 변종소명 *oxysepala*는 뾰족한 꽃받침 조각이 있다는 뜻이다.

우리나라에서 볼 수 있는 매발톱속(屬) 식물에는 매발톱, 노랑매발톱, 하늘매발톱 등 3종류가 자라는데, 노랑매발톱은 매발톱의 관상용 품종으로 꽃받침과 꽃잎이 엷은 황색이고, 하늘매발톱은 꽃이 밝은 하늘색이고 꽃받침 조각이 달걀 모양이어서 매발톱과 차이가 있다. 매발톱은 지방에서 '매발톱꽃'이라 부르기도 한다.

매발톱 꽃을 절로 나서 자라는 야생에서 보면 우리나라 식물이 맞나 할 정도로 약간 이국적인 느낌이 든다. 어떤 곳에는 길을 따라 심어놓은 듯 규칙적인 배열을 보이는 군락도 있다. 자주색과 노란색으로 이루어진 꽃 색깔의 조화로움과 날카로움의 상징처럼 보이는 꽃뿔의 화려함이 특별한 장식품을 보는 듯 아름답다. 길가 주변으로 명아주가 있다.

하늘매발톱 군락(백두산 북파)

하늘매발톱의 흰색 꽃(원예종)

하늘매발톱의 보라색 꽃(원예종)

26

지팡이로 쓰임이 많은 명아주

매일 다니는 길이지만 학생들을 데리고 야외 실습을 하다 보면 눈에 익지 않은 식물들이 가끔씩 튀어나와 당황스러운 경우가 있다. 주말에 특별한 조사나 계획이 없는 한 학교에 와서 한 주를 정리하고 새로운 한 주를 맞을 준비를 하는 것이 습관처럼 되어버린 나는 가끔 밖으로 나가 어떤 식물들이 새롭게 올라왔는지를 관찰하는 것도 일과의 한 부분이 되었다. 그러다 보니 그다음 주에 학생들에게 설명할 수업 코스를 한번 돌아보는 여유를 갖는 습관도 생겼다. 그렇게 나름대로 예습을 충분히 했다고 생각했지만 수업을 하다 보면 며칠 사이 줄기가 불쑥 올라온 식물들도 있으니, 예상 문제가 벗어난 셈이다. 특히 한꺼번에 많은 개체가 올라온 명아주를 만났을 때가 그랬다.

명아주는 길가나 약간 지저분해 보이는 곳에서 자라지만 나중에 다 성장하고 나면 줄기는 지팡이 재료로 사용된다고 하니 어르신들에게는 이

명아주 군락

만큼 좋은 효자가 없는 셈이다. 어느 지역에서는 지팡이를 만들려고 일부러 명아주를 재배한다는 방송을 본 적도 있다. 높이 1미터에 지름이 3센티미터 정도까지 자라며, 줄기가 마르면 가볍고 대나무처럼 껍질이 단단하여 지팡이로 쓰기에 안성맞춤이다. 줄기 끝에 올라오는 삼각형 모양의 어린잎은 약간 붉은색이거나 흰색을 띤 가루 같은 돌기가 있어 특이해 보이는데, 이 부분을 식용으로 이용하기도 한다. 꽃잎이 없는 작은 꽃들이 여러 송이 모여 수상꽃차례를 이루기 때문에 꽃은 조금 볼품이 없다.

명아주는 명아주과(Chenopodiaceae)에 속하는 한해살이풀로, 학명은 *Chenopodium album* var. *centrorubrum*이다. 속명 *Chenopodium*은 '거위'를 뜻하는 그리스어 chen과 '작은 발'을 의미하는 podion의 합성어로 잎의 모양을 표현한 것이며, 종소명 *album*은 '흰색'을, 그리고 변종소명 *centrorubrum*은 '가운데가 붉다'는 뜻으로 어린잎에 나타나는 색깔을 표

1 명아주 2 명아주 꽃 3 명아주 잎

현한 것이다. 우리나라에서 자라는 명아주속(屬)에는 바늘명아주, 가는명아주 등 13종류가 분포하는데, 이 중 창명아주, 흰명아주, 양명아주, 좀명아주, 취명아주, 얇은명아주, 냄새명아주의 7종류는 귀화식물에 속한다. 명아주와 형태가 비슷한 가는명아주는 잎이 긴 타원형이거나 피침형이고 가장자리에 톱니가 없거나 약하게 있어 차이가 있다.

명아주는 명아주속에 속하지만 최근에 출간된 몇몇 식물도감에서는 명아주란 식물을 볼 수가 없다. 그 이유를 찾아보니 명아주를 흰명아주의 변종이나 독립된 종으로 다루고 있었다. 이 두 종을 구분하는 특징으로 명아주는 어린잎에 붉은 가루 같은 것이 분포하고 줄기가 붉게 변하며, 잎이 좀 더 얇고 넓다는 것이다. 그러나 여러 지역에 분포하는 개체들을 관찰한 결과, 붉은 가루를 갖는 개체가 늦여름이나 가을이 되면 붉은 분가루는 없어지고 오히려 흰명아주의 특징인 흰색 분가루를 갖는 개체로 성장하며, 나머지 두 차이점도 시기와 개체에 따라서 다양하게 중복되는 특징으로 나타나 구별이 모호하다는 것이다.

결국 이를 뒷받침하기 위해 염색체, 꽃가루, 씨의 특징을 비교한 결과, 염색체의 수도 2n=54로 개수가 같고, 꽃가루와 씨의 특징도 흰명아주의 변이 폭에 포함되어 통합하자는 의견에 따라 끝내 명아주란 종의 이름이 식물도감에서 자취를 감추게 된 것이다. 나도 이 의견에 동의하지 않는 것은 아니지만, 그렇게 되면 명아주과나 명아주속이란 이름은 있지만 명아주라는 종이 없다는 점, 명아주라는 이름이 일반인들에게 널리 알려진 식물이라는 점, 그리고 학명은 둘째치더라도 기존의 도감이나 국가표준식물목록에서 두 종을 독립적인 분류군으로 보는 견해에 따라 여기서는 명아주를 글감으로 채택했다.

명아주라는 우리 이름은 명아주로 만든 지팡이를 뜻하는 청려장(靑藜杖)의 '려(藜)'에서 유래하였다고 한다. 명아주는 지방에서 '는쟁이', '능쟁이', '붉은잎능쟁이'라 불리며, 민간에서는 줄기를 지팡이로, 잎은 위를 좋게 하는 건위제나 강장제로 쓰거나 벌레 물린 데 약으로 사용한다. 수상꽃차례에 달린 많은 씨앗이 떨어진 곳에는 이듬해 봄에 명아주가 밭을 이룰 정도로 무성하다. 흔히 잡초로 분류되어 환영을 받지는 못하지만 나름 쓰임새가 많다. 조용히 자기 역할에 충실한 묵묵함이 엿보이는 식물이다. 근처 밭 주변으로 쇠비름이 보인다.

좀명아주

27

끈질긴 생명력에서 최고로 꼽히는 쇠비름

문명이 발달할수록 생물의 생존 기간은 늘어만 간다. 통계청 자료를 보니 출생자가 출생 직후부터 생존할 것으로 기대되는 사람들의 평균 생존년수인 기대 수명이 2004년도에는 78.04세였던 것이 10년 후인 2013년에는 81.94세로 거의 네 살이나 늘어났다. 또 2016년도에 발표된 세계보건기구(WHO)의 2015년도 각 나라의 기대 수명은 일본이 남녀 평균 83.7세로 가장 높았고 우리나라는 82.3세로 11위에 올라 있다. 이렇게 해마다 기대 수명이 높아지는 이유는 여러 가지 의료 혜택이나 충분한 영양분의 섭취 등 삶의 질이 높아진 것이 직접적인 원인으로 보인다.

식물 중에도 장수의 상징이나 생존력이 높은 것을 예로 들라면 느티나무, 주목, 은행나무, 메타세쿼이아 같은 종류를 손꼽을 수 있지만 초본식물 중에서 추천하라면 얼른 머릿속에 떠오르는 것이 없다. 밭으로 가면 어떨까? 그늘 한 점 없이 탁 트인 대지에 잡초가 자라는 것을 막기 위해 만든 바닥덮기 비닐을 뚫고 올라올 정도의 식물이라면 생존과 장수를 누리는 초본식물로 높이 평가해도 되지 않을까 싶다.

내 고향 집의 밭을 예로 들겠다. 고향에는 팔순이 넘으신 아버지가 살고 계시며, 농사가 취미인 당신께서는 집 주변에 있는 밭을 놀리는 것을 무척 싫어하신다. 몸은 천근만근이지만 그것이라도 하지 않으면 병이 날 것 같다는 핑계 아닌 핑계가 오늘날까지 농사를 짓는 이유가 되었다. 자명한 사실이지만 농사의 대부분은 형제들이 주말을 이용해 지어야 했다. 농사철의 주말 대부분은 모두 고향 집에서 보낸다. 그래도 아버지와 농사라는 주

쇠비름 잎

쇠비름 줄기

쇠비름 꽃

제를 중심으로 구심점이 이루어져 형제들을 자주 만날 수 있으니 한편으로는 좋기도 한 것 같다. 밭농사의 대부분은 시기별로 농작물을 연속적으로 재배하는 일인데, 새로운 종류를 심을 때는 주변의 잡초를 제거하는 것이 우선이다. 주된 작물을 수확하고 나서 밭을 돌아보면 잡초들이 왜 그리 많은지 뽑아내고 뽑아내도 줄지 않았던 기억이 있다.

그중 가장 질기고 생존력이 강한 놈은 바로 '쇠비름'이다. 선인장이나 돌나물처럼 통통한 줄기에 잎까지 두꺼워 살짝 누르면 물이 흐를 정도로 수분이 많다. 그래서 완전히 다 자란 쇠비름을 들어보면 묵직함이 느껴진다. 이놈을 완전히 없애려면 뿌리째 뽑은 줄기를 뒤집어 놓아서 뿌리가 다시 활착하지 못하게 하고, 식물체 안에 있는 수분을 모두 없애야 비로소 죽는다. 뽑은 채로 무심코 밭 가장자리나 이미 뽑은 다른 잡초와 섞어놓으면 며칠 뒤에 다시 살아난다. 정말이지, 대단하다.

밭 주변 두엄 더미 근처에서 왕성하게 자란 쇠비름을 본 적이 있다. 방석처럼 넓게 퍼진 줄기에 달걀을 거꾸로 세워놓은 모양의 잎이 달리고 노란색 꽃이 피어 있는 모습은 강인함을 넘어서 마치 할 테면 해보라는 듯 꼿꼿한 기세다. 한해살이풀이기에 망정이지 여러해살이였다면 매년 쇠비름만 뽑아내며 밭농사를 지었을 것 아닌가? 생각만 해도 눈앞이 아찔할 정도다.

쇠비름의 학명은 *Portulaca oleracea*이다. 속명 *Portulaca*은 '입구'를 뜻하는 라틴어 porta의 축소형으로, 열매가 익으면 뚜껑이 떨어져 나가 구멍이 생긴다는 특징을 표현한 것이고, 종소명 *oleracea*는 식용으로 하는 채소라는 뜻이다. 쇠비름이라는 우리 이름은 비름보다 억세고 질기다는 뜻에서 붙인 듯하다.

우리나라에서 자라는 쇠비름속(屬)에는 쇠비름 1종류만이 있으며, 지방에서는 '돼지풀'이라 부르기도 한다. 연한 부분은 나물로 하고 전체는 벌레나 뱀에 물렸을 때 해독 작용, 그리고 이질 치료와 이뇨 작용에도 효과가 있는 것으로 알려져 있다.

쇠비름은 채집 후 건조기에 넣어도 다른 식물보다 며칠은 더 있어야 완전히 마른다. 수분이 모두 날아간 후 쇠비름의 모습은 바짝 마른 나뭇가지처럼 보잘것없지만 끈질김을 생각나게 하는 식물이다. 요즘 쇠비름은 한식집에서 요리 재료로 인기가 있는데, 우리나라에서는 주로 남쪽 지방에서 나물로 이용하고 있으며, 외국에서는 전체를 샐러드로 사용한다고 한다. 이 모든 것이 쇠비름을 장수의 상징처럼 인정하기 때문이 아닐까 생각해본다. 주변으로 개망초가 자란다.

28

달걀 프라이를 닮은 꽃
개망초

요즘은 실시간으로 쏟아지는 많은 정보들 가운데 잘 알지 못하는 내용이라 해도 금방금방 검색이 가능해 궁금증을 해소하기가 쉬워졌다. 좀 생소해 보이는 식물이 있어 사진을 찍어서 웹에 올려놓으면 겨우 몇 분 만에 사진의 주인공이 어떤 식물인지 알 수 있다. 마치 기다리고 있었다는 듯 여기저기서 답변이 폭주한다. 어떤 전문가는 본인이 만들어놓은 자료와 비슷한 식물까지 한데 엮어 설명해주는 친절도 베푼다. 모두 고마운 일이다. 그런데 가끔 잘못된 이름이 올라오는 경우도 있다. 봄철 모습과 여름철 모습이 다르기 때문인데 그 식물의 생활사 전체를 자세히 관찰한 경험이 있다면 문제가 없겠지만, 특정한 시기에만 봐왔다면 쉽게 오류를 범할 수도 있다.

'개망초'라는 식물의 동정도 마찬가지다. 봄이 오고 기온이 올라 눈이 녹으면 겨우내 추위를 이겨낸 잎들이 듬성듬성 보이기 시작한다. 개망초

개망초 군락

는 북아메리카에서 들어온 두해살이풀로 가을에 씨가 발아해 뿌리에서 올라온 잎, 즉 뿌리잎[根葉]의 형태로 겨울을 나는데, 잎이 모여 있는 전체 모양은 달맞이꽃이나 냉이처럼 바닥에 붙어 자라는 로제트형이다. 눈이 녹고 땅이 녹는 시기가 되면 아마 경작지나 그 주변에서 가장 많이 보이는 것이 바로 이 개망초가 아닐까 싶다. 주걱 모양의 잎에 듬성듬성 나 있는 털과 잎이 죽어 시래기같이 말라버린 누런 잎들이 서로 엉켜 있는 것이 이른 봄 잎의 모습이다. 그야말로 보잘것없는 모양새다. 좀 더 시간이 지나 잎 사이에서 새로운 잎이 올라와야 비로소 식물의 모습을 갖춘다.

그러다가 어느 순간이 되면 성장 속도가 무척 빨라지는데, 줄기가 올라오고 꽃이 피는 불과 몇 달 안에 모든 기관이 만들어질 정도다. 그런데 이때가 되면 뿌리잎이 말라 없어졌으므로 꽃이 핀 줄기만을 관찰했다면 두 상황의 잎에 대한 비교가 불가능하여 혼동을 일으키는 것이다.

개망초는 줄기 속이 하얀 스펀지 층으로 꽉 들어차 있고, 겉에는 흰색 털이 빽빽하게 나 있어 선뜻 만져볼 생각이 안 든다. 농사를 위해 밭을 갈아엎으면 겨울을 지난 개체들은 뿌리째 뒤집어져 생명을 다하지만, 뿌리가 조금이라도 땅속에 남아 있으면 줄기가 다시 자란다. 이 때문에 뽑은 개망초들은 뿌리와 줄기째 밭둑으로 멀찍이 던져놓는다.

개망초 뿌리잎

개망초 줄기잎

개망초 꽃

그러나 꽃이 피면 개망초를 바라보는 눈이 달라진다. 꽃이 달걀 프라이의 축소판처럼 보여 '계란꽃'이라고도 부를 정도로 흰색과 노란색의 조화가 무척 아름답다. 국화과(Compositae)의 특징인 두화(頭花), 즉 꽃이 여러 개 모여 이루어진 꽃 뭉치의 모습을 제대로 보여준다. 꽃 뭉치의 흰색은 설상화(舌狀花)로 불리는 혀 모양의 꽃으로, 가끔 자줏빛이 돌기도 하는데, 대부분 100개 내외의 꽃들이 꽃 뭉치의 가장자리를 에워싼다. 가운데 노란색은 통처럼 생긴 통상화(筒狀花)로 구성되며, 씨 끝에는 긴 관모가 붙어 있다. 여러 개체의 꽃들이 한꺼번에 피면 장관을 이루는데, 마치 씨앗을 일부러 뿌려 심어놓은 것처럼 보인다. 주로 농사를 짓지 않는 경작지나 빈터에서 큰 군락을 만나볼 수 있다.

개망초의 학명은 *Erigeron annuus*이며, 속명 *Erigeron*은 그리스어로 '빠르다'는 뜻의 eri와 '노인'을 의미하는 geron의 합성어로, 꽃이 빨리 피고 흰색 털로 덮여 있는 모습을 표현한 것이며, 종소명 *annuus*는 '한해살이'라는 뜻이다. 개망초라는 우리 이름은 망초와 비슷하다는 의미에서 붙였다. 우리나라에서 자라는 개망초속(屬) 식물은 7종류 정도인데 북한 지방에서 자라는 민망초와 구름국화를 제외하면 모두 외래식물이다. 최근에는 주걱개망초와 봄망초 등의 분포가 새롭게 알려지기도 했다.

개망초와 형태적으로 비슷한 것은 망초다. 망초는 마디 사이가 짧고 줄기잎이 선형으로 가장자리에 대부분 톱니가 없으며, 꽃은 원추꽃차례[圓錐花序]로 달려 개망초와 차이가 있다.

망초

개망초는 지방에서 '개망풀', '넓은잎잔꽃풀', '망국초', '버들개망초', '왜풀'이라고 부르며, 뿌리에서 나온 잎은 나물로 한다. 이름이 강한 느낌이지만 개망초 꽃을 보고 있으면 편안한 휴식을 취하고 있는 듯한 기분이 든다. 거기에 벌이나 나비라도 와준다면 정말 최고가 아닐까? 주변에 질경이가 보인다.

29

섬유소의 왕 질경이

"지렁이도 밟으면 꿈틀한다"는 속담이 있다. 아무리 하찮은 미물이라도 자극을 받으면 반응을 하게 되어 있다는 의미이다. 동물이야 필요 없는 자극이라면 운동기관이 있어 이동해버리면 그만이지만 식물은 그렇지 못하기에 불쌍함으로 따지자면 식물이 훨씬 더하다. 동식물의 대표적인 차이점이라 할 수 있다.

사는 곳이 길가 주변이라서 그런지는 몰라도 피해를 보는 대표적인 식물이 '질경이'이다. 집 근처는 두말할 필요도 없고 등산로에서도 마찬가지다. 수많은 사람들이 아무 생각 없이 질경이를 밟고 지나간다. 그래도 질경이는 잎이며 꽃줄기를 끊임없이 새로 내놓는다. 그 이유는 질경이에 섬유소 성분이 많기 때문이라고 한다. 질경이의 열매가 변비약의 재료로 쓰이고, 잎을 나물로 이용하는 이유를 이젠 알 것 같다.

산과 들이 유일한 놀이터였던 어릴 적에 질경이의 잎은 훌륭한 놀잇감

질경이 군락

이 되어주었다. 잎을 잘라낸 후 중간 부분에 흠집을 내어 양쪽으로 잡아당기면 잎의 살 부분(엽육조직)은 밀려 나가고 가운데 부분에 실 같은 조직이 남아 있어 마치 마술을 부리는 것 같은 장면을 보여주는 것이다. 집 마당 근처에 나 있는 잡초를 제거할 때에도 질경이는 단골손님처럼 많았다. 비스듬하게 나 있는 잎을 그러쥐고 힘껏 당기면 쉽게 뽑힐 것 같던 뿌리가 그만 끊어져버려 '질기다'는 표현을 체험할 수 있는 기회도 되었다. 질경이라는 우리 이름의 유래는 알 수 없다고 하는데, 어쩌면 이렇게 질기다는 특징에서 따온 것은 아닐까 싶다.

질경이는 줄기가 없다. 뿌리에서 여러 장의 잎이 올라와 비스듬히 자라 마치 화분에 화초를 심어놓은 것처럼 보인다. 타원형이거나 달걀 모양의 잎은 잎몸과 잎자루의 길이가 비슷하고 잎자루의 밑부분은 투명한 막질로 넓어져 서로 감싸 안는데, 사는 곳에 따라 잎의 크기가 다양하다.

질경이는 씨가 싹을 틔운 후 처음 나오는 잎이 2장인 쌍떡잎식물임에도 독특하게 평행맥이 있고, 가장자리는 물결 모양으로 얕은 굴곡이 있다. 꽃줄기의 길이도 서식 장소에 따라 다양하며, 흰색으로 피는 꽃은 꽃자루가 없어 다닥다닥 붙고 크기 또한 아주 작아서 자세히 봐야 관찰이 가능하다. 주로 깔때기 모양이며 끝이 4갈래로 갈라져 수술이 길게 밖으로 나온다. 질경이는 '차전초'라고도 불리는데 다음 이야기에 그 유래가 전한다.

질경이

질경이 잎

질경이 열매

옛날 중국 한나라의 '마무'라는 장수가 군사들을 이끌고 전쟁터에 나갔다. 전쟁이 일어난 지역은 사막을 끼고 있어 얼마 되지 않아 물과 식량이 바닥나고 말았다. 그 후 병사들과 말들이 아랫배가 붓고 소변에 피가 섞여 나오는 습열병(濕熱病)으로 사경을 헤매게 되었는데, 그 중 말 한 마리가 그런 증세 없이 정상적인 생활을 하는 것이 아닌가. 장수가 자세히 살펴보니 그 말은 마치 주변에 나 있는 풀을 계속 뜯어 먹고 있었다. 장수는 그 풀이 말을 병에 걸리지 않게 했던 이유라고 생각해 풀을 뜯어 물에 넣어 끓인 후 병사들과 말에게 먹였다. 그러자 곧 병이 깨끗하게 나았다. 전쟁이 끝난 후 병사들은 그 풀을 마차 앞에서 처음 만났다 하여 '차전초'라 부르게 되었다고 한다.

질경이의 학명은 *Plantago asiatica*이다. 속명 *Plantago*는 '발자국'을 뜻하는 라틴어 planta에서 유래하며 잎의 맥을 표현한 듯하고, 종소명 *asiatica*는 아시아 지역에서 자란다는 의미이다. 우리나라에서 볼 수 있는 질경이속(屬) 식물은 털질경이, 창질경이 등 6종류가 있다. 이 중 질경이를 제외하면 대부분은 바닷가에서 자라나 생육지에 차이가 있고, 창질경이는 유럽에서 들어온 외래식물로, 잎이 피침형 또는 좁은 달걀 모양이고 털이 많아 질경이와는 차이가 있다. 한방에서도 창질경이를 제외한 나머지 종류의 씨는 차전자(車前子)라 하여 이뇨, 거담, 간 기능 활성화 등 여러 증세에 사용하는 것으로 알려져 있다.

창질경이

질경이는 지방에서 '길장구', '배부장이', '배합조개', '빠부쟁이', '빠뿌쟁이', '빼부장', '톱니질경이', '길경'이라고 부르며, 연한 잎은 나물로 한다. 산행을 하다 보면 무공해라고 하면서 질경이 잎을 뜯는 경우를 종종 본다. 질경이는 숱하게 짓밟히면서도 끈질긴 생명력으로 버티고 있는데, 사람들의 작은 이기심으로 그렇게 훼손하는 것이 옳은지, 다시 한 번 생각해봐야 할 문제다. 저 멀리 강 주변 산책로에 노란색의 큰금계국이 보인다.

30

산책로 주변을 주름잡는 큰금계국

최근 들어 도심의 하천이나 강 주변을 생태공원으로 만들고 빈터에 여러 가지 화초들을 심어 아름답게 꾸며놓은 곳이 많다. 이런 곳에 심어져 있는 식물 중 가을의 꽃을 코스모스라고 한다면, 산들바람이 남실거리는 초여름부터 여름까지의 꽃은 큰금계국이 아닐까 한다. 꽃이 커다랗다는 장점도 있지만 노란색 꽃들이 함께 핀 큰금계국 군락은 보는 사람들이 압도될 정도로 화려하다. 이른 봄에 개나리꽃을 봤던 터라 그리 감탄할 일도 아닐 것 같지만 바람에 흔들리는 모습은 풍경 중 최고다. 원줄기가 올라오기 전에 뿌리에서 올라오는 뿌리잎이 뭉쳐나는 것도 볼거리인데, 마치 이른 봄 쑥이나 작약이 올라오듯 소담스럽다.

큰금계국을 보면 미국에서 여행할 때의 일이 생각난다. 플로리다 마이애미 해변을 가려고 식구들과 함께 고속도로를 타고 남쪽으로 달리는데 도로 주변으로 노란색 꽃에 붉은 점이 보이는 개체들이 가끔 눈에 띄기

큰금계국 군락

큰금계국 잎

시작하더니 어느 순간 도로 주변이 온통 이 꽃으로 덮여 있었다. 한국에서 보아왔던 큰금계국을 닮은 꽃으로 인식은 했지만, 꽃 가운데 색깔이 있어 갑자기 머릿속이 복잡했다. 다른 한편으로는 몇 번 본 경험이 있는 기생초가 아닐까도 의심해보았다. 미국의 고속도로는 우리나라와는 달리 친환경적으로 만들어져 중앙 분리대나 가드 레일이 없고, 마치 산중의 넓은 임도를 포장해놓은 것 같은 느낌이다. 그러다 보니 도로 주변이나 한가운데 빈터에 심어져 있는 식물들은 차안에서도 쉽게 볼 수 있었으니, 해결되지 않은 궁금증은 더욱 증폭되어만 갔다.

여행을 끝내고 집으로 돌아오는 길에 군락지 앞에 차를 세우고 그 식물의 정체를 확인하기로 했다. 그런데 그 식물은, 잎은 금계국과 비슷했지만 통상화의 색깔이 달랐고, 기생초와 비교하자면 꽃은 비슷했으나 잎 모양이 전혀 달랐다. 처음 보는 식물이었다. 미국에서 자라는 같은 속의 다른 종류이겠거니 생각하면서 몇 개체를 채집하고 사진을 촬영한 뒤 집으로 돌아왔다. 식물도감으로 검색한 결과 그 식물은 금계국이었다. 우리나라에서 재배되는 기생초속(*Coreopsis*)의 금계국, 기생초, 큰금계국 등의 3종류를 정확히 구별하지 못했던 것이 당시에 혼동을 일으킨 원인이었다.

이들 각각의 특징을 비교해보면, 큰금계국은 줄기 아래 잎은 갈라지지만 윗부분의 잎은 피침형으로 갈라지지 않고 줄기와 잎은 잔털로 덮여 있으며, 두화의 지름이 5~7센티미터로 크고, 설상화와 통상화의 색깔은 모두 노란색이다. 다음으로 기생초는 '공작국화'라고도 하며 잎이 1~2회 우상으로 깊이 갈라져 각각의 조각은 선형 또는 피침형으로 가늘고, 두화는 3~4센티미터이며 설상화는 노란색 바탕에 아랫부분은 자갈색의 진한 무늬가 있고 통상화는 자갈색 또는 흑갈색을 띤다. 한편, 금계국은 잎이 1회 우상복엽으로 갈라져 마치 짚신나물의 잎처럼 보이며, 두화는 2.5~5센티미터이고 설상화와 통상화의 색깔은 기생초와 비슷하다. 이처럼 이 3종류는 차이가 있다. 큰금계국은 북아메리카가 원산으로 우리나라에서 절로 나서 자라는 종류는 아니지만, 흔하게 재배되고 있고 꽃도 화려하여 우리에게 친숙한 식물이다.

큰금계국 (© 지성사)

큰금계국의 학명은 *Coreopsis lanceolata*이다. 속명 *Coreopsis*는 '빈대'를 뜻하는 그리스어 coris와 '비슷하다'는 의미의 opsis의 합성어로 빈대처럼 작은 열매의 특징을

기생초

금계국

표현한 것이고, 종소명 *lanceolata*는 피침형이라는 뜻으로 잎이나 총포 조각의 모양을 표현한 것이다. 큰금계국이라는 의미는 금계국보다 크다는 데서 유래한 것 같다.

몇 년 전 딸아이가 친구와 다녀온 곳이라며 찍어 보낸 사진의 배경에 큰금계국이 화려하게 피어 있었다. 직접 실물을 보았다면 입이 딱 벌어질 정도의 규모였다. 사진의 구도는 좀 구태의연했지만 꽃 색깔의 화려함이 돋보이는 한 컷이었다. 그 속에서 가을의 미인도 볼 수 있었다. 아름다운 조화였다. 길 주변으로 큰방가지똥이 보인다.

31

잎으로만 본다면 사나움의 최고 식물 큰방가지똥

식물을 관찰하거나 동정을 할 때 모양이 예쁜 종류들은 한 번씩 더 보게 된다. 또 야외 조사를 나가서도 예쁘게 피어 있는 꽃들에게는 카메라 셔터를 더 누른다. 이와는 반대로 좀 험상궂은 모습이거나 강인해 보이는 종류들은 왠지 멀리하게 된다. 쐐기풀, 독말풀, 도꼬마리, 가시나무 등등 이름만 들어도 뭔가 무게가 있는 느낌을 가진 식물들처럼 말이다.

'큰방가지똥'도 그렇다. '똥'이라는 낱말이 들어 있으니 이름만 들어도 지저분하고 그다지 보고 싶지 않을지도 모르겠다. 물론 우리나라에 절로 나서 자라는 종류는 아니고 외국에서 들어온 식물이기는 하지만, 살아가는 것을 보면 혀를 내두르게 된다. 직사광선이 비치는 양지쪽, 숲이 없는 초지, 개울이나 하천 주변 등 못 사는 곳이 없을 정도로 강인한 생명력을 지니고 있기 때문이다.

큰방가지똥

큰방가지똥 줄기

또 식물체를 자르면 흰색 유액이 나오는데 맛을 보면 쓰다. 국화과의 꽃상치아과(Cichorideae) 식물들이 분비하는 쓴맛의 물질이다. 씀바귀, 고들빼기, 민들레의 흰색 유액과 같은 성분으로 이것의 기능은 천적으로부터 자기를 방어하기 위한 보호 물질이다. 그런데 식물체 밖으로 분비된 흰색 유액은 공기 중에 노출되자마자 산화되어 금방 검게 변한다. 이런 변화도 그리 좋은 느낌이 아니다.

큰방가지똥은 잎 가장자리도 불규칙하고 뾰족한 바늘 모양의 톱니가 있어 웬만해선 만지기가 두렵다. 이렇다 보니 다른 식물들은 근처에 얼씬도 하지 못하고, 혼자 독불장군 같은 행세를 하며 살아가고 있다. 학명에도 이런 특징이 잘 나타나 있다. 속명 *Sonchus*는 '사데풀'과 '엉겅퀴'를 합친 그리스 이름이며, 종소명 *asper*는 '까칠까칠하다'는 의미로 잎 가장자리의 특징을 표현하고 있다. 꽃은 모두 설상화로만 이루어져 있으며 원줄기와 가지 끝에 달리는 노란색 꽃 뭉치들은 가시가 돋힌 듯한 잎에 비해 상대적으로 부드러운 느낌을 줄 정도로 앙증맞다.

국화과에 속한 식물 중 잎에 나 있는 가시나 가시처럼 뾰족한 톱니 이야기를 하자면 유럽이 원산지인 가시상추를 빼놓을 수 없다. 비록 왕고들빼기나 상추가 포함된 왕고들빼기속(*Lactuca*)에 속하지만 꽃의 구성 요소나 가시의 험상궂음이 큰방가지똥과 비슷하기 때문이다. 그런데 가시상추는 잎 가장자리뿐만 아니라 잎 뒷면의 맥 위에서도 가시가 관찰된다. 어쩌다가 손등이나 팔뚝이 잎에 스치기라도 하면 단번에 상처가 날 정도로 가시가 억세다. 요즘은 번식력이 강해서인지 우리나라 중·남부지역을 중심으로 급속도로 퍼져 나가고

큰방가지똥 꽃

큰방가지똥 잎

큰방가지똥 열매

가시상추

있으며, 자동차 매연이나 오염 물질의 농도가 높은 도로 주변에서도 관찰될 정도로 공해가 심한 곳에서도 서식이 가능하여 2012년부터 생태계 교란 외래식물로 지정되기에 이르렀다.

우리나라에서 자라는 큰방가지똥속(屬)에는 사데풀, 방가지똥, 큰방가지똥 등 3종류가 있다. 큰방가지똥은 형태적으로 가장 비슷한 방가지똥보다 잎 가장자리 톱니 끝이 바늘처럼 뾰족하고 강하며, 잎의 밑부분은 주맥을 중심으로 양쪽 크기가 다르지만 둥근 모양으로 줄기를 완전히 감싼다.

큰방가지똥은 지방에서 '개방가지똥', '큰방가지풀'이라고 부르기도 한다. 그런데 이름 속에 있는 공통 단어인 '방가지'는 곤충인 방아깨비를 달리 부르는 말이라고 한다. 방아깨비는 위험에 처하면 배설물을 항문으로 쏟아내는 특징이 있다고 하는데, 아마도 방가지똥이나 큰방가지똥에 상처가 나면 흰색 유액이 분비되는 모양이 이와 비슷해 이런 이름을 붙인 것이 아닌가 싶다.

큰방가지똥이라는 이름에서는 왠지 시골 냄새가 나는 것 같지만 강인한 생명력만큼은 참 인상적이고 본받을 만하다. 생태계 교란 외래 식물이라 널리 퍼지는 것은 환영하지 않지만 그래도 견본이 될 만한 특징이 있기에 사랑스럽다. 주변 잔디밭 사이로 토끼풀이 보인다.

방가지똥

32

행운, 그리고 잔디밭의 무법자 토끼풀

행운의 상징인 네잎클로버는 어린 시절 추억을 간직하기에 더없이 좋은 자료이다. 또 토끼풀의 꽃으로 반지나 팔찌를 만들기도 하고 토끼의 먹이로 뜯어다 주던 오랜 기억도 머릿속에 남아 있다. 토끼풀보다는 클로버로 더 잘 알려져 있지만 어느 이름으로 부르든 정감이 간다. 어렵게 찾은 4장짜리 잎을 일기장 한 페이지에 곱게 펼쳐 넣어놓고 조심스레 덮으면 왠지 모를 뿌듯함이 며칠을 갔던 것 같다. 설레는 마음으로 연애편지를 쓴 뒤에 피날레는 고이 간직했던 잘 마른 클로버 잎을 함께 넣어 붙이는 것이 당시의 유행이었다. 이 편지 받는 사람은 얼마나 기분이 좋을까를 생각하면 잠도 오지 않았다.

그런데 이렇게 기쁨을 주는 상징이었던 클로버가 이제는 애물단지가 되었다. 엄청난 번식력 때문이다. 한 뿌리가 땅에 정착하면 얼마 지나지 않아 그 일대는 온통 토끼풀로 뒤덮인다. 다른 곳은 그렇다 치더라도 골

토끼풀 군락

프장처럼 잔디가 깔린 운동장이나 넓은 화단은 골치 아픈 불청객이다. 가늘고 뾰족하게 올라오던 잔디의 모습에서 잎이 넓은 토끼풀 때문에 바람에 넘실대는 융단을 깔아놓은 것 같은 모양으로 변해 가기 때문이다. 손으로 뽑아낸다 해도 뿌리의 일부가 땅속에 남아 있으면 다시 살아나니, 결국 토끼풀만 골라 죽이는 제초제까지 등장했다.

토끼풀은 식물체에 털이 없다. 밑부분에서 갈라진 가지가 옆으로 뻗고 마디에서 뿌리를 내려 성장하는데, 가지 끝을 힘껏 잡아당기면 오래된 옷에서 단추를 매단 실이 끊어지듯 툭툭 소리를 내며 뿌리가 딸려 나온다.

토끼풀의 상징은 뭐니 뭐니 해도 긴 잎자루 끝에 붙어 있는 잎의 모습이 같다. 학명에도 줄기와 잎의 특징이 고스란히 담겨 있다. 속명 *Trifolium*은 '3개'를 뜻하는 그리스어 tries와 '잎'을 의미하는 라틴어 folium이 합쳐져 3장의 작은 잎이 있다는 뜻이고, 종소명 *repens*는 '기어간다'는 의미이

토끼풀 꽃

토끼풀 잎

다. 토끼풀이라는 우리 이름은 토끼가 잘 먹는다 하여 붙인 이름이다. 토끼풀 꽃에서는 향기도 난다. 백리향이나 천리향처럼 아주 멀리까지 퍼지는 향기는 아니지만 수수한 향기도 나름 매력적이다. 우리나라에서 자라는 토끼풀속(屬) 식물은 총 7종류가 있는데, 토끼풀과 형태적으로 유사한 종류는 붉은토끼풀이다. 이 종은 잎이 긴 타원형 또는 달걀 모양이며, 꽃차례에 꽃자루가 거의 없고 포엽(苞葉)도 없으며, 꽃은 붉은색이고 원줄기에 털이 퍼져 있어 토끼풀과 구별이 된다.

한 번은 이런 일도 있었다. 강원도 산골의 임도 길을 조사하다가 흰색 꽃이 눈에 들어왔다. 별로 대수롭지 않게 생각했지만 뭔가 코드가 맞지 않는다는 느낌이 들어 다시 한 번 확인했다. 자세히 들여다보니 겉모양은 붉은토끼풀인데 꽃이 흰색이었던 것이다. 비록 외래식물이라 해도 미기록 품종으로 등록이 가능할 것 같아 잔뜩 기대를 품고 학교로 돌아와 도감을 뒤졌더니 어떤 도감에는 우리 이름 없이 학명과 분포 장소만 있었고, 어떤

도감에는 학명 없이 '흰붉은토끼풀'이란 우리 이름으로 붉은토끼풀과 함께 자란다고 기록되어 있었다. 실망스럽기는 했지만 그래도 표본실에 없는 변이 개체를 채집했다는 것으로 만족할 수밖에 없었다.

토끼풀은 잎이 3장인 것이 대부분이지만 요즘은 잎이 4장인 개체도 예전보다 눈에 많이 띈다. 기후변화 등으로 세대마다 변이 형태가 늘어나는데 토끼풀도 예외는 아닌 모양이다. 비록 유럽에서 들어온 외래식물이지만 오랫동안 주변에서 만나온 친근감 있는 식물 중 하나다. 풀숲에 강아지풀이 보인다.

붉은토끼풀 군락

붉은토끼풀 꽃(© 지성사)

붉은토끼풀 흰색 꽃

33

고향 친구가 생각나는 강아지풀

요즘은 애완동물을 키우는 집들이 많아졌다. 강아지는 이미 일반화되었고 뱀, 이구아나, 햄스터 등 특이한 종류도 인기를 끌고 있다. 그래도 이 중에서 사람들과 가장 친근한 동물은 강아지가 아닌가 싶다. 새끼 때 분양받아 나이가 들 때까지 매일 함께하다가 하늘나라로 보내는 날이면 집안은 초상집처럼 변해 버린다. 요즘은 동물 장례식장도 생겨서 의식에 맞춰 마지막을 편안하게 보내주는 행사도 해준다고 한다. 특이한 사업 테마인 것 같다.

강아지가 이렇게 좋은 대접을 받는 것은 아무래도 사람을 아는 척하고 반겨주는 것이 다른 동물보다 뛰어나고 비교적 오래 살기 때문일 것이다. 그러다 보니 시골에서는 집을 지키는 파수꾼 역할에, 도시의 아파트에서는 밤늦게 귀가하는 식구들을 환영해주는 문지기로서의 역할로 우리와 함께했다. 꼬리를 살랑거리며 현관문 입구까지 달려 나와 온몸으로 반가움을 표현해주니 가족으로 생각하는 것은 당연지사가 아닐까?

강아지풀 군락

식물 중에도 '강아지풀'이란 종이 있다. 이름을 왜 이렇게 붙였는지 확실하지 않지만 꽃과 열매의 배열이 마치 강아지의 꼬리처럼 길고, 잔잔한 바람에도 흔들리는 모습이 방금 집으로 돌아온 가족들을 반기듯이 살랑거리며 흔드는 강아지의 꼬리를 닮아 붙인 듯싶다. 어떤 문헌에는 꽃줄기를 잘라 손바닥에 넣고 오므렸다 펴기를 반복하면 꽃 뭉치가 앞으로 이동하는 모습이 강아지가 기어가는 모습을 닮았다 하여 붙인 이름이라는 이야기도 있다.

강아지풀은 야생화 사진을 찍는 작가들에게도 인기가 많다. 아침 이슬을 머금은 꽃줄기 끝부분이 그 무게를 이기지 못해 옆으로, 아래로 아주 조금씩 흔들리다가 센바람을 맞으면 튕겨 나가듯 물방울이 떨어져 나가는 순간을 카메라에 담을 수 있기 때문이다. 드넓은 군락을 이룬 각각의 개체들에서 쏟아지는 물방울들이 카메라에 순간 포착되면 그야말로 멋진 작품 사진이 되었다.

지금까지 설명한 내용으로 보면 강아지풀이 아주 화려한 모습의 식물처럼 생각되지만, 사실 억새나 잔디처럼 아주 흔한 벼과(Gramineae) 식물의 한 종이다. 다 자란 크기는 높이가 다양하며, 털은 없지만 마디 부분이 조금씩 튀어나와 있어 줄기만 보면 대나무를 닮았고, 잎 크기도 변이가 심해 짧게는 5센티미터에서부터 길게는 20센티미터까지 자라기도 한다. 밑부분은 잎집이 되어 줄기를 감싸고, 줄기와 잎집 사이에 잎혀가 있어 전형적인 벼과 식물의 특징을 지녔다. 꽃은 원주형(원기둥 모양) 꽃차례에 여러 송이가 달리는데, 꽃자루 밑부분에 가시 같은 털이 있고, 끝에는 1개의 완전한 꽃과 퇴화한 꽃이 달린다.

강아지풀 잎

강아지풀 열매

강아지풀은 한해살이풀로, 학명은 *Setaria viridis*이다. 속명 *Setaria*는 거센털, 즉 '강모(剛毛)'라는 뜻의 seta라는 단어에서 유래하여 이 속 식물들이 공통적으로 지닌 특징을 잘 표현하고 있으며, 이는 변종이나 잡종을 구별하는 데 유용한 형질로 사용되고 있다. 종소명 *viridis*는 '녹색'을 뜻한다.

우리나라에서 자라는 강아지풀속(屬)에는 식용작물인 '조'를 포함해 금강아지풀 등 10종 정도가 있다. 꽃줄기의 잔가지에 긴 거센털이 모여나고 바닷가에서 자라는 갯강아지풀과, 가라지조 또는 왕강아지풀이라고도 부르는 조와 강아지풀의 잡종은 수강아지풀이라 하며 변종으로 취급한다. 또 잎의 밑부분이 좁고 작은 꽃자루의 길이가 3밀리미터로 짧은 것을 가을강아지풀이라 하며, 꽃줄기가 곧게 서고 황금색인 것을 금강아지풀이라 하여 구별한다. 강아지풀은 지방에서 개꼬리풀, 자주강아지풀, 또는 제주개피라고 부르기도 한다.

강아지풀은 흔한 잡초로 그리 인기 있는 식물은 아니지만 집 근처 어디에서나 쉽게 만날 수 있는 장점이 있다. 강아지풀을 보고 있으면 꽃줄기에 나 있는 털로 목덜미를 간질이며 함께 장난쳤던 고향 친구가 그리워진다. 강아지풀 주변으로 깨를 닮은 깨풀이 있다.

강아지풀과 금강아지풀

금강아지풀

조

수강아지풀

34

참깨, 들깨와는 다르게 생긴 깨풀

식물에 대한 여러 가지 연구를 몇십 년 동안 해왔어도 야외 조사가 없는 겨울을 보내고 나면 잘 기억났던 식물 이름도 가물가물할 때가 많다. 나이가 들면서 나타나는 자연스러운 현상이라지만 스스로 노화를 인정하고 받아들이기는 쉽지 않은 것 같다. 이렇게 자나깨나 식물을 보고 연구하면서도 시간이 지나면 또다시 헷갈리는 식물이 있다. 바로 '깨풀'이란 식물이다. 언뜻 들으면 기름을 짜는 들깨나 참깨와 비슷할 거라고 추측할 수 있지만, 여기에 쥐깨풀이나 들깨풀을 덧붙이면 대부분 고개를 절레절레 흔들게 될 것이다. 이름이 비슷비슷하기 때문이다. 깨풀을 비롯해 방금 말한 5종류 중 들깨와 참깨는 밭에서 재배하지만, 나머지는 들에서 절로 나서 자라는 식물들이다. 물론 참깨는 참깨과(科)에 속하고 깨풀은 대극과(科), 그리고 나머지 3종류는 꿀풀과(科)에 속해 기본적으로 차이가 있다.

깨풀 군락

깨풀

깨풀은 깨 종류와 잎이 비슷하게 생겨 붙인 이름이라고 한다. 그런데 줄기와 꽃을 살펴보면 약간 차이가 있다. 즉 줄기가 둥글고 수꽃과 암꽃이 따로 핀다. 앞서 말한 나머지 4종류는 줄기가 네모지고 한 꽃에 수술과 암술이 모두 있는 양성화(兩性花)로 피어 차이가 있다.

깨풀 잎

고깃집에서 주는 쌈 채소 중 깻잎은 들깨의 잎이다. 동글동글한 열매는 고소한 들기름을 짜는 원료가 되고, 줄기나 잎에서도 고소한 향기가 나기에 쌈이나 나물 등으로도 이용된다. 참기름의 재료는 참깨의 열매다. 참깨는 줄기와 잎에 부드러운 털이 밀생하고 꽃은 능소화나 오동나무를 닮아 종 모양으로 길며,

왼쪽 깨풀 암꽃과 수꽃
오른쪽 깨풀 꽃

열매는 4개의 방으로 된 원기둥 모양으로 마치 달맞이꽃의 열매와 비슷하게 보인다.

쥐깨풀과 들깨풀은 같은 쥐깨풀속(*Mosla*)에 속해 전체 모습은 비슷한데 특히 열매를 맺었을 때 꽃줄기가 들깨와 많이 닮았다. 다 자라도 높이가 50센티미터 정도밖에 안 되니 들깨의 축소판이라고 해도 무방하다. 두 종의 차이점은 털의 분포와 꽃받침의 모양이 들깨풀은 줄기 윗부분과 꽃줄기 축에 짧은 털이 있고 꽃의 위쪽 꽃받침이 뾰족하지만, 쥐깨풀은 줄기와 꽃줄기의 마디 이외에는 털이 없고 위쪽 꽃받침 끝이 둔하다.

깨풀의 꽃은 갈색으로 피는데 수꽃은 잎겨드랑이나 줄기 끝부분에 수상꽃차례[穗狀花序]처럼 달리며, 꽃줄기 아래에 보호기관인 삿갓 모양의 갈색

포엽(苞葉)이 있고 이 안에 암꽃이 들어 있어 이를 보호해주는 역할을 한다. 한편, 수꽃의 꽃받침은 3갈래로 갈라지고, 암꽃은 4갈래로 갈라져 차이가 있다.

지금까지 우리 이름에 '깨'라는 낱말이 있는 흔하게 볼 수 있는 종류들을 비교해보았다. 물론 5종류 식물들이 속한 과(科)나 형태적으로 많은 차이가 있지만, 자칫 이름 때문에 혼동을 일으킬 수 있으니 한번 정리해보는 것도 괜찮겠다는 생각에서였다.

깨풀은 한해살이풀로, 학명은 *Acalypha australis*이다. 속명 *Acalypha*는 '쐐기풀'의 그리스어 acalephe를 식물학자 린네(Linne)가 전용하여 지은 이름이며, 종소명 *australis*는 '남쪽'이라는 의미이다. 우리나라에서 볼 수 있는 깨풀속(屬) 식물은 깨풀 하나밖에 없으며 지방에서는 '들깨풀'이라 부르기도 한다. 어린순은 나물로 이용한다.

고깃집에서 고기를 싸 먹는 깻잎이 들깨인지 참깨인지도 알지 못하는 학생들에게 우리나라 솟은 땅과 너른 땅에 절로 나서 자라는 식물을 구별하는 것에 기대치를 갖는 것은 다소 무리라는 생각이 든다. 그러나 이참에 이렇게 비슷한 종류를 중심으로 하나씩 알아가게 하면 어떨까 하는 생각도 해본다. 그 밖에 산들깨, 가는잎산들깨, 섬쥐깨풀 등을 언급하지 않은 것도 그런 이유에서다. 밭둑 근처로 검은색 열매가 인상적인 까마중이 보인다.

들깨

참깨

들깨풀

35

까만 열매가 예쁘지만 독이 있는 까마중

먹을 수 있는 열매가 열린다면 그 식물이 어느 곳에 살든 사람들의 관심을 끌게 마련이다. 그래서 먹을 수 있는 식물에는 흔히 '참' 자를 붙이고 그렇지 못한 것에는 '개' 자나 경계를 해야 하는 '뱀' 자 등을 붙이는 모양이다. 예를 들어 진달래를 참꽃이라 하고 철쭉을 개꽃이라 부르는 것처럼 말이다. 흔히 여름에 나물로 무쳐 먹는 '비름'이란 식물도 그다지 깨끗한 곳에서 자라지는 않지만 특이한 향기 덕분에 나물 마니아들이 즐겨 찾는 식재료가 되었다.

그리 많이 보이지는 않지만 햇빛이 잘 드는 양지쪽에 주로 자라며, 동그랗고 까만 열매가 매력적이어서 사람들의 시선을 사로잡는 '까마중'의 열매를 먹는 사람들을 언젠가 본 적이 있다. 열매는 그다지 먹을 것도 없어 보이고, 자라는 곳도 길가나 하천 주변 또는 두엄 근처여서 그리 깨끗하지 않은 식물로 여겼던 터라 거부감이 있었는데 그곳에서 자란 열매를 먹다

까마중

니! 그런데 그분들의 얼굴은 마냥 행복해 보이는 것이었다. 맛이 좋아서일까? 아니면 어릴 때부터 식용으로 먹었던 추억의 열매라서 그럴까? 궁금증이 가시질 않아 물었더니, 어릴 때 친구들과 함께 뽕나무 열매인 '오디'나 '산벚나무' 열매를 따 먹고 시커멓게 된 입가를 보며 서로 한바탕 웃었던 기억이 있어 까마중 열매도 추억의 열매처럼 먹는다는 대답이 돌아왔다. 물론 충분히 이해는 하지만, 나라면 그렇게 맛있게 먹지는 못할 것 같다. 까마중 열매는 단맛이 나긴 해도 감자나 토마토에 들어 있는 알칼로이드 배당체인 솔라닌(solanin)이라는 독성 물질이 약간 있기 때문이다.

까마중의 이용과 열매의 색깔은 학명에도 잘 나타나 있다. 속명 *Solanum*은 라틴어의 오래된 이름이라고도 하며, 이 속에 속하는 식물 중에는 진통작용을 하는 것이 있어 '안정'을 뜻하는 solamen에서 유래했다는 의견도 있다. 종소명 *nigrum*은 '검은색'을 의미해 열매의 색깔을 표현했다.

까마중의 흰색 꽃은 마디 사이에서 꽃자루가 나와 산형꽃차례로 3~8송이가 달린다. 꽃잎은 5갈래로 깊게 갈라져 옆으로 퍼져 뒤로 젖혀진 것 같은 모습이며, 안쪽에 노란색 수술이 모여 있어 전체적인 모양은 마치 열심히 날갯짓하며 날아가는 새를 보는 듯하다.

까마중이라는 우리 이름은 열매가 검게 익는다는 데서 유래하였다고 한다. 우리나라에서 볼 수 있는 까마중이 포함되어 있는 가지속(屬) 식물에는 반찬 재료로 이용하는 감자와 가지를 포함하여 12종이 있고, 까마중 종류에는 4종류가 있다. 미국까마중은 꽃이 2~4송이가 달리고, 털까마중은 식물체에 털이 많으며, 노랑까마중은 열매가 녹황색으로 익어 차이가 있다. 지방에서 까마중은 '가마중', '강태', '까마종', '깜푸라지', '먹딸', '먹때꽐'이라 부르기도 하며, 어린 식물체는 삶아서 나물로 하고, 열매는 식용으로 이용한다.

최근 방송에서 소개된 왕까마중이란 식물이 많은 사람들의 입에 오르내리고 있다. 남쪽의 한 농업기술원에서 재래종 까마중과 중국까마중을 교배해서 얻은 '보라농'이란 품종인데,

까마중 잎과 꽃

까마중 열매

까마중 열매

일반 까마중보다 열매 크기가 3배 이상 크고 무게도 6배 정도 더 나가 왕까마중이라고 이름 붙였다고 한다. 특히 까마중, 블루베리, 복분자딸기보다 왕까마중 열매에 각각 12배, 30배, 50배의 안토시아닌이 더 들어 있어 강력한 항산화, 항염증 효과가 있다고 한다. 까마중이 개량되어 건강에 도움을 주는 훌륭한 품종으로 거듭난 셈이다.

우리 식물들도 이런 기능을 가진 품종으로 많이 개발되었으면 하는 기대를 해본다. 까맣게 열매가 주렁주렁 매달려 있는 까마중은 볼거리가 되기도 한다. 아직 꽃이 피어 있는 가지도 있고, 익지 않은 녹색 열매가 달린 가지도 있다. 한꺼번에 많은 특징을 보여주기도 하고 식용과 약용으로 널리 쓰이기도 하니 칭찬할 만한 가치가 있는 식물인 것 같다. 저만치 우뚝 서 있는 달맞이꽃이 보인다.

까마중 꽃

가지 꽃

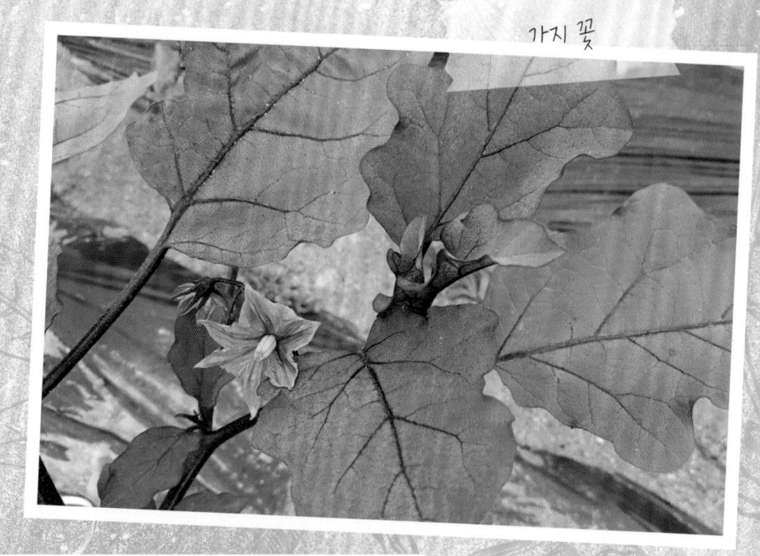

감자 꽃 (© 지성사)

36

꽃이 피고 지는 시간이 특이한 달맞이꽃

달맞이꽃은 낮에 꽃이 피는 대부분의 식물과는 달리 밤에 꽃이 피는 특징을 가졌다. 수줍음의 상징이라 할 수도 있겠지만, 태생이 그렇기에 그 식물의 고유한 특징으로 보는 것이 좋을 것 같다. 우리나라에서 달맞이꽃이라는 식물은 예부터 노래 가사나 시에 자주 등장하는 주인공이다.

최근에는 씨를 짜낸 기름에 지방산 종류가 많이 들어 있고, 뿌리와 씨를 당뇨병, 인후염, 고지혈증 등을 치료하기 위한 건강식품으로 이용하면서 달맞이꽃이 한동안 엄청난 인기를 끌기도 했다. 열매가 익을 때면 할머니들이 바구니를 들고 씨를 받으러 다닐 정도였다.

그런데 밤에 꽃이 피는 달맞이꽃은 캄캄한데 어떻게 꽃가루받이를 할까? 이 또한 삶의 전략으로, 꽃에 빛을 자체적으로 발산하는 물질이 있어 밤이라도 꽃을 명확하게 볼 수 있고, 꽃잎에서는 자외선을 방출해 주로 밤

달맞이꽃 군락

에 활동하는 박쥐나 나방이 찾아올 수 있으므로 꽃가루받이가 가능하다.

달맞이꽃 뿌리잎

달맞이꽃은 겨울을 나는 특별한 지혜도 가졌다. 가을에 떨어진 씨앗이 발아해 뿌리에서 잎을 내는데 다가오는 겨울을 위한 준비라도 하듯 방석 모양으로 서로 오밀조밀 모여 있어 열 손실을 최소화하면서 겨울을 난다. 이른바 냉이, 고들빼기에서도 볼 수 있는 로제트형의 뿌리잎이다. 뿌리도 도라지처럼 굵고, 땅속 깊이 뻗어내려 오랫동안 버틸 수 있는 능력도 가졌다.

달맞이꽃은 바늘꽃과(Onagraceae)에 속하는 남아메리카 칠레 원산의

달맞이꽃 꽃

달맞이꽃 열매

달맞이꽃 변이형

두해살이풀로, 학명은 *Oenothera biennis*이다. 속명 *Oenothera*는 '술'을 뜻하는 그리스어 oinos와 '야수(野獸)'를 의미하는 ther의 합성어이다. 뿌리에서 포도주 향기가 나고 야수가 좋아한다는 뜻에서 그리스 철학자 테오프라스토스(Theophrastos)가 바늘꽃속(*Epilobium*)의 한 종이라 하여 붙인 이름이다. 종소명 *biennis*는 '2년생'이란 뜻이다. 달맞이꽃이라는 우리 이름은 한자어 월견초(月見草)에서 따온 것으로, 꽃이 밤에 달을 맞이하여 핀다는 의미에서 붙였다.

우리나라에서 자라는 달맞이꽃속(屬)에는 달맞이꽃, 큰달맞이꽃, 긴잎달맞이꽃, 애기달맞이꽃 등 4종류가 있는데 모두 외래식물이다. 큰달맞이꽃은 왕달맞이꽃이라 부르기도 하며 높이 1.5미터까지 자란다. 줄기와 열매는 아래쪽이 굵고 붉은색을 띠는 털이 분포하며 암술이 수술보다 긴 특징이 있다. 이에 비해 긴잎달맞이꽃은 잎이 피침형이고 줄기에 달리는 잎에 잎자루가 없으며 밑부분이 줄기를 감싸고 주로 제주도에서 볼 수 있다. 한편, 애기달맞이꽃은 줄기가 땅으로 기어가듯 자라며 열매는 위쪽이 아래쪽보다 더 굵어 달맞이꽃과는 차이가 있는데, 이 종류 역시 제주도에서 만날 수 있다.

몇 년 전에 1년 동안 제주도의 동쪽 지역을 조사할 기회가 있었다. 가을이 되어 조사를 마무리할 시점이었는데 해안가 모래밭 근처에서 수박 줄기를 닮은 튼튼하게 생긴 초본식물을 만났다. 같은 지역을 매달 조사했으니 어느 정도는 제주도 식물에 익숙할 만도 한데 연신 고개를 갸우뚱거릴 정도로 느낌이 오질 않았다. 심지어 꽃이나 열매도 없어 이름을 알아내기가 더 어려웠다. 그렇게 꼬박 며칠을 고생하고 여러 문헌을 찾아본 후에야 그것이 애기달맞이꽃의 줄기라는 것을 알았다. 그러고 난 후, 나를 그토록 고생시킨 종류라 최근에 그곳을 다시 방문했더니 온통 노란 애기달맞이꽃의 꽃으로 뒤덮여 있었다. 그래서 애기달맞이꽃은 나에게 다시는 잊히지 않는 식물이 되었다.

달맞이꽃은 별과 달을 좋아하는 요정, 제우스 신, 그리고 달의 여신 아르테미스에 얽힌 전설로도 유명한데, 대부분의 전설이 비극적인 결말로 끝을 맺듯이 이 꽃도 슬픔 속에서 피어난 꽃이다. 이 때문인지 달맞이꽃의 꽃말은 '기다림' 또는 '말 없는 사랑'이라고 한다. 활짝 핀 꽃이 짝사랑하는 사람을 그리워하듯 밤새 기다리다가 아침이 되면 지쳐버려 꽃을 접고, 다음을 기다리는 쓸쓸함만이 남는다. 화려함 뒤에 숨은 아픔이 있는 식물이다. 건너편에 가시가 인상적인 며느리밑씻개가 있다.

37

고부간의 갈등이 얽힌 며느리밑씻개

야외에서 식물채집을 할 때 식물 각각의 특성을 알고 있다면 별 문제가 없겠지만, 잠깐 방심하다가 손을 베이거나 가시가 박히는 등의 상처를 입을 수 있다. 흔한 예로 벼과 식물 잎의 날카로운 가장자리에 피부가 스치거나 쐐기풀의 찌르는 털, 즉 자모(刺毛)에 찔리면 몇 시간 동안 그 부위가 얼얼하고 고통스럽다. 굳이 산속에 들어가지 않더라도 길가에서도 이처럼 위험한 식물들을 만날 수 있는데, 그 대표적인 식물이 '며느리밑씻개'나 '며느리배꼽'이다. 밭둑이나 논둑은 물론, 하천 주변에서도 볼 수 있을 만큼 쉽게 눈에 띈다. 어릴 때는 이 식물의 잎을 껌처럼 질겅질겅 씹어 새콤한 맛을 즐겼던 기억이 있지만, 줄기에 난 가시는 어른이 된 지금 생각해도 무시무시하다. 그 가시에 한번 긁히면 정신이 번쩍 든다.

덩굴성 식물인 며느리밑씻개는 가지를 많이 치고, 줄기가 길이 1~2미터까지 길게 자라는데, 주로 주변의 나무나 구조물들을 타고 올라간다. 줄

1 며느리밑씻개 2 며느리밑씻개 잎 3 며느리밑씻개 줄기의 가시 4 며느리밑씻개 꽃

기, 잎자루, 잎 뒷면 맥에는 아래로 향한 가시가 나 있어 보기만 해도 섬뜩한 특징을 가졌다.

학명에서 속명 *Persicaria*는 복사나무속(屬)의 잎과 비슷하게 생겼다는 뜻으로 특별한 연관성은 없어 보이지만, 종소명 *senticosa*는 가시가 많다는 의미로 험상궂은 모습을 표현했다. 며느리밑씻개가 속한 우리나라에서 볼 수 있는 여뀌속(屬) 식물은 43종류나 있는데, 열매나 잎자루에서 매운맛이 나는 여뀌 종류가 있는가 하면, '노인장대'라고도 부르고 식물체에 긴 흰색 털이 나 있는 털여뀌도 있고, 꽃줄기에서 점액이 분비되어 만지면 끈적끈적한 끈끈이여뀌도 있다. 또 며느리밑씻개나 며느리배꼽처럼 줄기나

며느리배꼽

며느리배꼽 잎

며느리배꼽 열매

잎에 가시가 있는 미꾸리낚시, 긴화살여뀌, 고마리 등도 있다.

며느리밑씻개와 며느리배꼽은 형태적으로 아주 비슷한데 며느리밑씻개는 잎자루가 잎 아랫부분에 붙고 줄기를 감싸는 탁엽이 작지만, 며느리배꼽은 잎자루가 방패 모양으로 잎의 배꼽 위치에 올라 붙고, 잎 끝은 둔하며, 탁엽이 크고 털이 없어 며느리밑씻개와는 차이가 있다. 지방에서 며느리밑씻개는 '가시덩굴여뀌' 또는 '며누리밑씻개'라 부르기도 한다. 며느리밑씻개에는 다음과 같은 재미있는 전설이 있다.

옛날 어느 마을에 심보가 고약한 시어머니를 모시고 사는 착한 며느리가 있었다. 어느 날 시어머니와 며느리가 밭에서 함께 잡초를 뽑고 있었는데, 전날 먹은 음식이 잘못되었는지 시어머니가 갑자기 배탈이 났다. 너무 급한 나머지 뒷간까지 뛰어갈 시간이 없었던 시어머니는 밭두렁 근처에서 볼일을 보았다. 그러고는 호박잎을 뜯어서 뒷마무리를 했다. 그런데 그 순간 시어머니는 바늘에 찔린 것 같은 따가움이 느껴져 "아야!" 하고 소리를 질렀다. 손을 펴보니 호박잎

안에는 줄기에 가시가 잔뜩 난 풀이 함께 들어 있었던 것이었다. 시어머니는 "저놈의 풀이 꼴 보기 싫은 며느리 년 일 볼 때나 걸려들지 하필이면 왜 나야"라고 혼잣말로 중얼거렸다.

그런데 얼마 지나지 않아 며느리도 곧 배탈이 나고 말았다. 밭 한가운데서 볼일을 본 며느리는 어쩔 수 없이 시어머니에게 도움을 청했다. 시어머니는 큰소리로 역정을 내며 "감히 며느리가 시어머니에게 심부름을 시켜?"라며 근처에 있던 가시가 잔뜩 난 풀을 줄기째 뽑아 며느리에게 주며 밑을 닦게 했다. 그 후 시어머니와 며느리는 사이가 점점 멀어지게 되었고, 그 가시 많은 풀은 '며느리밑씻개'라는 이름으로 불리게 되었다.

며느리밑씻개의 전설을 읽다 보면 며느리와 시어머니 사이의 갈등은 평생 해결되지 않는 일 같지만, 그래도 요즘은 좀 나아진 것 같다. 자식들이 적어서일까? 아니면 진정한 의미의 화해 때문일까? 그 정답은 독자들에게 숙제로 남긴다. 길 옆으로 하늘하늘 흔들리는 바랭이가 보인다.

38

꽃이 포크를 닮은 바랭이

외국 생활을 하다 보면 머리 손질하기가 수월하지 않다. 이발소나 미용실은 있지만 마음에 들게 머리를 손질해주는 곳이 그리 많지 않기 때문이다. 미국 콜로라도에 있을 때의 일이다. 덥수룩한 머리가 마음에 들지 않아 이발소를 찾았다. 처음 방문하는 곳이라 어떻게 해야 할지 전혀 모르는 상태여서 무척 낯설었다. 아무도 보이지 않아 이곳저곳을 기웃거리는데 카우보이 모자를 쓴 젊은 친구가 반갑게 맞이하면서 이발하기를 원하느냐고 물었다. 전혀 이발사 같지 않은 모습에 다소 의아했지만 나는 의자에 앉아 손질해주기를 기다렸다.

아뿔싸! 이발이 끝나고 거울을 보니 마치 갓 미용 기술을 배운 미용 초보자가 이발을 한 것처럼 들쑥날쑥 가관이었다. 다시는 그곳에 가지 않았고 지금도 외국에 체류할 때면 내 머리 손질은 아내가 도맡아 하는 일이 되어버렸다.

바랭이 군락

이발이라고 하면 또 떠오르는 것이 있다. 아버지가 논두렁과 밭두렁의 풀을 깎는 기술이다. 논두렁이나 밭두렁에도 농작물이 아닌 다른 식물들이 뿌리를 내리고 생활한다. 이른바 잡초라고 부르는 것들이다. 이 풀들을 제거하지 않으면 밭에 준 비료며 수분들을 엉뚱하게도 이것들이 모두 집어삼켜 버리니, 자칫 헛농사를 짓는 셈이 되고 만다. 또한 잡초의 키가 크게 자랄수록 그늘이 드리워져 농작물의 생육에도 나쁜 영향을 미치게 된다. 그래서 듬성듬성 보이던 잡초가 어느 정도 자라면 아버지는 영락없이 낫을 들고 그곳으로 향하셨다. 그렇게 아버지가 며칠을 고생하며 깎아놓은 논두렁과 밭두렁은 최고의 미용사가 머리를 손질해놓은 것처럼 깨끗하게 잘 정리되어 있었다. 미용이든 낫질이든 손재주는 우리나라 사람들이 최고인 것 같다.

그런데 이렇게 깎여 나가는 식물은 어떤 종류일까? 여러 가지가 섞여

바랭이 잎과 줄기

바랭이 꽃

바랭이 열매

나기도 하겠지만 가장 대표적인 식물을 들라면 지방에서 '바랑이' 또는 '털바랑이'라고 부르는 '바랭이'라는 식물이다. 씨도 많이 영글지만 땅을 기어가듯 하는 포복형(匍匐形) 줄기의 마디에서 새로운 줄기를 뻗기 때문에 커다란 군락을 이룰 수 있고, 약간 습한 곳이나 양지쪽을 좋아해서 논 가장자리나 밭둑은 이들의 최고 터전이라 할 수 있다.

잎은 갈대나 억새처럼 가늘고 길며, 줄기를 감싸는 잎집에는 흰색 털이 퍼져 있다. 꽃은 5~8갈래로 부챗살처럼 가늘게 갈라지는 꽃줄기에 다닥다닥 붙어 달리는데, 이러한 특징은 학명에도 잘 나타나 있다. 속명 *Digitaria*는 '손가락'을 뜻하는 라틴어 digitus에서 유래하여 꽃줄기인 화수(花穗)가 손가락처럼 갈라진다는 뜻이며, 종소명 *ciliaris*는 가장자리에 털이 있다는 의미다. 바랭이라는 우리 이름의 유래는 없지만 한자 이름 섬모마당(纖毛馬唐)을 풀어보면 '길바닥에 뿌리를 내리고 사는 털이 있는 식물'이라는 뜻이다.

우리나라에서 볼 수 있는 바랭이속(屬) 식물은 바랭이보다 꽃줄기가 짧

왕바랭이 군락

고 두 번째 포영에 털이 없는 좀바랭이와, 바랭이의 축소형처럼 생겼지만 털이 거의 없고 첫 번째 포영이 없거나 흔적만 남아 있는 민바랭이 등 3종류가 있다. 바랭이와 이름이 비슷한 왕바랭이(*Eleusine indica*)는 줄기가 여러 개 모여 뭉쳐나고 잎은 편평하며 수상꽃차례가 산형꽃차례[傘形花序] 형태로 달려 차이가 있다.

바랭이와 왕바랭이는 수분 스트레스에도 잘 적응하는 식물이다. 이를 위해 광합성 과정도 이산화탄소의 최초 고정산물로 탄소 4개를 가진 안정된 물질을 만드는 C4 경로를 거친다. 건조에 적응하는 삶의 방법을 터득한 식물들이라 할 수 있다.

바랭이는 흔한 잡초로 인식되어 괄시를 받지만 마디마다 내린 뿌리는 논두렁과 밭두렁을 튼튼하게 해주는 지피식물(地被植物)과 같은 역할을 하므로 장점도 있다고 할 수 있다. 아무리 하찮은 잡초라 해도 다 쓸모가 있게 마련이다. 수북한 바랭이 군락 근처에 줄기가 덩굴성인 박주가리가 있다.

39

마주보는 잎의 조화가 아름다운 박주가리

잎, 꽃, 열매의 조화가 전혀 어울리지 않은 독특한 생김새로 눈길을 끄는 '박주가리'라는 식물이 있다. 양지쪽을 좋아하고 덩굴성이라 둑이나 제방, 또는 경작지 근처에서 쉽게 눈에 띄지만 덩굴성 줄기를 지탱해야 하기에 근처의 키 작은 나무나 키가 큰 초본식물이 있는 곳에서 주로 자란다. 달걀처럼 생긴 잎의 밑부분은 심장을 닮았고 2장이 서로 마주보며 달려 있어 조화롭지만, 꽃이나 열매는 그렇지 못하다.

연한 자주색의 꽃부리는 넓은 종 모양으로 끝이 5갈래로 깊게 갈라지고 뒤로 말린다. 안쪽은 털로 꽉 들어차 있어 마치 극한 지역의 산 정상부에 살고 있는 식물의 꽃을 떠오르게 한다.

꽃을 보면 그저 평범한 열매가 달릴 듯하지만, 열매는 넓은 피침 모양에 길이가 10센티미터 정도로 길고, 겉에 사마귀 같은 돌기가 나 있어 요즘 건강식품으로 각광받고 있는 '여주'의 열매를 닮았다. 익으면 껍질이 딱딱

1 박주가리 2 박주가리 잎 3 박주가리 꽃 4 박주가리 꽃과 열매

해지면서 반쪽으로 갈라지고, 그때 안에 있는 편평하고 달걀을 거꾸로 세워놓은 모양에 끝에 흰색 털이 가득 붙어 있는 씨가 날아가는데, 털이 얼마나 많은지 이 털을 모아 솜 대신 사용했다는 이야기까지 있다. 시기를 잘만 맞춘다면 종종 이 3가지 형질을 한꺼번에 볼 수도 있지만, 아무리 여러 번 보아도 내 눈에는 부조화스럽다.

박주가리는 식물체 속에 또 다른 특징도 지니고 있다. 관용어 중에 "봇물 터지듯 하다"라는 표현이 있다. 사람의 경우라면 마음속에 억눌렸던 여러 감정들을 한꺼번에 쏟아내는 것이라고나 할까? 결과야 어떻든 한바탕 쏟아내고 나면 시원한 맛은 있다. 그래서 가끔은 스트레스를 해소할 필요가 있는가 보다.

박주가리 잎과 줄기의 흰색 유액

박주가리도 줄기나 잎에 상처를 내면 자극이 되어 봇물 터지듯 많은 유액(乳液)을 분비한다. 앞에서도 여러 번 언급했듯이 유액이 나오는 종류로는 씀바귀나 고들빼기 같은 국화과 식물이 대표적이지만, 유액이 흘러내리는 정도로 따지자면 박주가리가 단연 최고다. 겉으로는 아무렇지도 않은 듯 태연하게 있지만 한번 시작되면 철철 흘러넘치게 나온다. 그래서인지 이 식물은 건드리기가 싫다. 끈적끈적한 유액에 대한 비호감 때문이기도 하지만 그렇게 유액을 철철 흘리다 기진맥진해 쓰러지지나 않을까 염려하는 마음에서다.

박주가리의 학명은 *Metaplexis japonica*이다. 속명 *Metaplexis*는 '같이' 또는 '함께'라는 뜻의 그리스어 meta와 '짜다', '엮다'라는 의미의 pleco의 합성어이며, 종소명 *japonica*는 일본에서 자란다는 뜻이다. 박주가리라는 우리 이름에 대한 유래는 없지만 다 익은 박처럼 생긴 열매가 쪼개지는

박주가리 열매와 씨앗

모습에서 착안하여 붙인 듯하다. 박주가리속(屬) 식물은 우리나라에 박주가리 1종류만 자라며, 민간에서는 씨와 어린순을 나물로 하고, 열매는 강정제(强精劑), 씨의 털은 도장밥이나 바늘 쌈지를 만드는 데 사용한다.

올해 학교에서 꾸준히 관찰했던 박주가리는 죽은 나뭇가지를 타고 3미터 이상이나 길게 올라가 버렸다. 나뭇가지 끝에 새 둥지처럼 틀어진 줄기에는 꽃이 한가득 피었고 이내 열매가 주렁주렁 매달렸다. 제법 높아 사진 촬영은 하지 못했지만 풍성한 가을처럼 멋진 모습에 마음이 풍요로웠다.

박주가리는 겨울이 되어도 예쁜 열매를 매달고 자기를 봐주기를 기다리는 것 같지만, 손으로 열매에 힘을 가하면 이때다 싶은 듯이 우르르 씨앗들이 여행길을 나선다. 겨울의 삭막함을 넉넉함으로 채워주는 예쁜 모습이다. 육교 앞 보도블록 사이로 비노리가 보인다.

40

좁은 틈새를 좋아한다면 나를 따르라!
비노리

도시에서 생활하다 보면 문득문득 시골에서의 전원생활이 그리워진다. 텃밭을 일궈 좋아하는 채소를 심으면 땀의 소중함을 경험하게 되고 알곡 하나하나에 대한 고마움도 느끼게 된다. 도시에서는 흙을 밟기도 어렵고 자연 풍광이라고는 인위적으로 심어놓은 것들이 대부분이니, 그런 곳에서 자란 아이들의 마음이 풍성할 리 만무하다. 그래도 가끔 보도블록 사이로 올라오는 식물을 보면 끈질기고 강인함에 위안을 받곤 한다.

오늘은 걸어서 출근을 하다가 보도블록 사이를 비집고 올라온 '비노리'를 보면서 한참 생각했다. 주변으로 보이는 애기땅빈대나 개미자리 같은 종류와의 경쟁에서 이기려고 무던히도 힘들게 싸웠을 텐데, 그에 비해 어수룩한 모습이 왠지 더 안쓰러워 보였다. 어떻게 저런 곳을 비집고 나올 수 있었을까? 아무리 봐도 이해가 되지 않는다. 한해살이풀이기에 망정이

비노리 군락

지, 여러해살이풀이었다면 그 비좁은 보도블록 틈에서 몇 년을 보내야 할 테니 얼마나 삶이 괴로울까. 그나마 다행이라 생각하지만 애처로움은 이루 말할 수 없다.

비노리는 줄기가 몇 개씩 모여나고, 환경이 좋지 않은 곳에서는 7센티미터 정도로 작게 자라지만 밭이나 길 주변의 좋은 환경에서는 30~40센티미터까지도 자란다.

비노리 학명에는 뜻밖의 의미가 담겨 있다. 속명 *Eragrostis*는 그리스어로 '사랑'을 의미하는 eros와 '풀'을 뜻하는 agrostis의 합성어로 오랫동안 사랑의 풀(love grass)이라고 알려졌던 고대 이름이며, 종소명 *multicaulis*는 줄기가 많다는 뜻이다.

이상하다. 적어도 사랑스러운 풀이라면 꽃이 화려하거나 향기가 좋아야 할 텐데, 비노리는 그런 것과는 전혀 관련이 없어 보인다. 어쩌면 한번 열

비노리 줄기와 잎

매를 맺기 시작하면 발아하기 좋은 조건에서는 씨가 계속 발아하므로 이렇게 어루어진 많은 개체들이 여러 개의 줄기와 더불어 큰 가족을 이루기 때문에 붙인 이름인지도 모르겠다.

비노리의 꽃을 만져보면 느낌이 부드럽다. 조금 미끌미끌하기까지 하다. 중학교 때 일주일에 1~2번은 아침 대청소를 했다. 학년과 각각의 반에 배정된 학교 주변 구역의 쓰레기는 물론이요, 잡초 제거도 필수였다. 싸리비를 들고 앞에서부터 운동장을 쓸어 나가고, 뒤에 선 친구는 조금 옆에서 빗질을 하면서 나가다 보면 짧은 시간에 넓은 면적의 청소가 가능했다. 그런데 빗질을 끝내고 마당을 보면 항상 남아 있는 풀이 있었는데, 지금 생각하니 대부분 비노리였다. 풀이 부드러워 싸리나무로 만든 빗자루에도 딸려 나가지 않고 잘 빠져나갔던 모양이다. 어쩔 수 없이 삼삼오오 둘러앉아 비노리를 뽑았던 생각이 난다.

비노리 꽃차례

비노리 꽃(확대)

우리나라에서 볼 수 있는 그령속(屬) 식물에는 그령 종류와 비노리, 큰비노리를 포함하여 7종류가 자라는데, 큰비노리는 비노리보다 엽초 부근과 꽃줄기 가지 아래에 길고 흰 털이 있어 차이가 있다.

비노리는 대체로 작지만 인내심이 강하고 편안함을 느끼게 해주는 특징을 지닌 식물이다. 길 주변을 정리할 때 뽑혀 나갈 확률이 1순위이지만 땅속의 많은 종자는 조용히 이듬해 봄을 기다리고 있다. 준비가 철저한 종류다. 화단 옆에 비비추가 손짓한다.

애기땅빈대

개미자리

41

규칙성이 있게 꽃이 피어나는 비비추

길을 걷다 보면 자주색 꽃이 시원스럽게 보이는 '비비추' 군락을 만날 수 있다. 꽃이 피기 전에도 뿌리에서 여러 장의 잎이 함께 나와 소담스러운 모습을 볼 수 있지만, 꽃줄기가 올라오고 꽃이 피기 시작하면 그 아름다움은 최고에 이른다. 사촌쯤에 해당하는 옥잠화가 넓은 잎과 흰색 꽃에서 은근히 웅장하고 깨끗함을 풍긴다면, 갸름하고 연한 자주색 꽃이 피는 비비추는 수줍어하는 순수한 아이를 닮았다.

비비추 무리 중 산에서 절로 나서 자라는 종류는 제쳐놓더라도 원예품종으로 개량되어 심어져 있는 개체들은 왠지 일정한 틀에 맞추어 심어야 할 것 같은 느낌이 든다. 그 까닭은 잎이 달린 모양이나 꽃이 한쪽 방향으로만 달린 것에서 뭔가 나름의 규칙성이 있어 보이기 때문이다. 외떡잎식물답게 비비추의 잎에는 뚜렷한 평행맥이 7~9개 있어 마치 손바닥에 선을 그어놓은 듯하며, 뿌리에서 돋아나온 많은 잎들은 긴 잎자루 때문인지

비비추 군락

뒤로 젖혀진다.

꽃은 꽃줄기 아래에서 위쪽으로 올라가면서 피므로 먼저 핀 꽃의 수술과 암술이 길게 꽃잎 밖으로 나올 때쯤 위쪽에 달리는 꽃은 꽃봉오리가 겨우 생길 정도여서 전체적으로 돛단배의 돛처럼 보인다. 꽃부리는 윗부분으로 갈수록 넓어지고, 끝이 6갈래로 갈라져 각각의 조각은 뒤로 약간 말린다.

열매가 누렇게 익으면 삭과의 배봉선 3개가 터져 씨가 밖으로 나오는데 처음에는 갈라진 열매 조각 사이에 검은색 씨가 잔뜩 매달려 있어 마치 동물이 입을 벌리고 있는 듯하지만 시간이 지나면서 떨어져 나가기도 하고, 열매를 매달고 있는 작은 자루에서 삭과 전체가 한꺼번에 떨어지기도 한다.

지금까지 비비추의 겉모습을 설명해보았다. 모든 단계가 다 볼거리가 있지만 가장 볼품이 없을 때는 열매가 떨어진 후 앙상하게 꽃줄기만 남아 있을 때인 것 같다. 그래도 모든 것을 이뤘으니 후회는 없을 듯.

비비추가 속해 있는 백합과는 우리나라에 약 31개 속이 있고 이 중 비비추속(*Hosta*)은 원추리속(*Hemerocallis*)과 비슷한 특징을 보인다. 비비추속은 잎이 피침형 또는 달걀 모양이고 잎자루가 있다. 꽃차례는 총상화서로 가지를 치지 않고 꽃은 흰색 또는 연한 자주색이다. 이에 비해 원추리속은 잎이 선형으로 잎자루가 없다. 꽃차례는 총상화서 또는 꽃대에서 중앙 부분의 꽃이 먼저 피고 뒤이어 주위의 꽃들이 피는 취산화서로 달리고 항상 가지를 치며, 꽃은 노란색이거나 붉은빛이 도는 노란색이어서 차이가 있다.

비비추는 여러해살이풀로, 학명은 *Hosta longipes*인데 속명 *Hosta*는 오스트리아의 의사이며 식물학자였던 니콜라우스 토마스 호스트(Nicholaus Thomas Host, 1761~1834)를 기념하기 위해 붙였으며, 종소명 *longipes*는 긴 대가

비비추 잎

비비추 꽃

비비추 열매

있다는 뜻으로 긴 꽃줄기를 표현한 듯하다. 비비추라는 우리 이름의 어원은 정확하지 않은데 외떡잎식물이라 어린잎의 싹이 올라올 때 비비 꼬여 나고 나물로도 먹을 수 있으니 취나물로 불리다가 발음이 어려운 '취'가 '추'로 바뀌어 비비추가 된 것이 아닌가 추측한다.

우리나라에서 볼 수 있는 비비추속(屬) 식물은 19종류 정도가 있으며, 비비추와 달리 꽃이 흰색인 것은 '흰비비추'라 하여 다른 품종으로 취급한다.

비비추 사진을 찍으려고 학교 산책길 옆에 있는 화단에 간 적이 있다. 예쁘게 피어 있는 꽃과 녹색의 잎이 사각형의 보도블록을 따라 심어놓은 듯 잘 정리되어 있었다. 그 모습은 마치 비비추가 길 안내자 역할을 하는 것처럼 보였다. 화단 주변으로 '거칠다'는 표현이 잘 어울리는 쇠서나물이 있다.

옥잠화

원추리 꽃

42

소의 혓바닥처럼 털이 거센 쇠서나물

한동안 거친 음식이 몸에 좋다고 매스컴에서 난리를 떨었던 적이 있다. 농약이나 화학비료의 도움을 받지 않고 자란 것들을 그대로 이용하는 것이다. 도정하지 않은 보리, 현미, 잡곡 같은 밥의 재료가 있는가 하면 텃밭에 심은 당근과 양배추도 포함되고, 또 집 주변에서 절로 나서 자라는 민들레, 고들빼기, 냉이 등도 해당된다.

이 종류들은 온실에서 재배한 것보다 색과 향이 진하고 다양한데 이 모두가 해충이나 병원균으로부터 자신의 몸을 보호하기 위한 생리 활성물질을 만들기 때문이다. 이 물질들은 사람의 몸에 들어와 좋은 영양소로 작용하여 면역력을 높여주고 콜레스테롤을 낮춰주어 각종 암이나 성인병 예방에 효과가 있다고 한다.

뿐만 아니라 거친 음식에는 식이섬유가 풍부해 오래 씹어야 하고 또 포만감을 주므로 다이어트에 도움을 주며, 힘을 잃고 빠지는 머리카락을 다

쇠서나물 군락

시 나게 하는 등 마치 만병통치약 같은 인상을 풍긴다.

그런데 그 거친 음식의 재료에 거센털이 많거나 겉모양이 험상궂게 생겼다면 느낌이 어떨까? 아무리 몸에 좋다고 해도 한 번쯤은 다시 생각해볼 것 같다. 초본식물 중 거센털의 대표격인 '쇠서나물'은 식물 전체에 거센털이 나 있어 만져보기도 겁난다. 쇠서나물 주변에 살고 있는 다른 식물들은 어떻게 버텨낼까를 생각해보면 불쌍하기 그지없다. 두해살이풀이지만 자라는 곳에 따라 여러해살이풀이 될 정도로 생육변이가 심한 것으로도 알려져 있다.

뿌리에서 먼저 올라오는 뿌리잎은 민들레처럼 바닥에 깔려 자라는 로제트형으로, 잎 전체에 퍼져 있는 갈색의 강한 털은 만져보면 깔깔한 촉감이 소름을 끼치게 할 만큼 거칠다. 키가 1미터 정도로 완전히 자랄 때까지 잎의 모양도 다양하다. 줄기 아래쪽 잎은 거꾸로 된 피침 모양처럼 생겼고

1 쇠서나물 줄기와 잎 **2** 쇠서나물 꽃
3 쇠서나물 열매

잎몸은 점점 잎자루처럼 되어 전체가 약 22센티미터쯤 길게 자라지만, 위쪽으로 갈수록 잎자루는 없어지고 모양도 좁은 피침형이며, 밑부분은 줄기를 완전히 감싸고 있어 매우 강인해 보인다.

잎이 소의 혓바닥처럼 생겼고 거칠다는 뜻으로 쇠서나물이라는 이름을 붙인 것인데, 잎의 모양이나 잎과 줄기에 난 거센털을 이름이 잘 표현해 준다.

꽃은 치커리나 씀바귀를 닮았고 모두 설상화로만 이루어져 있으며 색깔은 노란색으로 핀다. 꽃자루에 달린 두화의 길이는 민들레와 비슷하다. 열매는 익어도 껍질이 열리지 않고 남아 있는 수과로, 겉에 검은색 털이 있으며 끝에는 흰색 관모가 붙어 있어 날아가기 편한 구조로 되어 있다.

쇠서나물의 학명은 *Picris hieracioides* var. *koreana*이다. 속명 *Picris*는 그리스어로 '쓰다'라는 뜻의 picros에서 유래하였으며, 종소명 *hieracioides*는 조밥나물속(*Hieracium*) 식물과 비슷하다는 뜻이다. 변종소명 *koreana*는 한국에서 자란다는 의미이다. 우리나라에서 자라는 쇠서나물속(屬)에는 쇠서나물 1종류뿐이며 형태적으로 비슷한 종은 학명의 종소명 뜻처럼 조밥나물인데, 이 종류는 잎과 줄기에 거센털이 없고, 잎이 좁으며 꽃이 진한 노란색이어서 차이가 있다.

한편, 쇠서나물은 바닷가 또는 양지쪽에서 자라는 사데풀과도 꽃 모양이 비슷한데 사데풀은 잎이 긴 타원형이고 끝이 뭉툭하며, 꽃은 황금색이고 수과는 갈색으로 관모의 윗부분은 흰색이고 밑부분은 갈색이어서 구별된다.

쇠서나물은 지방에서 '모련채', '참모련채', '조선모련채', '털쇠서나물'이라 부른다. 어린잎은 나물로 먹으며, 식물체 전체는 위를 튼튼하게 하거나 흥분된 신경을 가라앉히는 약으로 사용된다.

쇠서나물은 이처럼 대부분 모습이 거칠지만 가끔은 믿음직스러울 때가 있다. 온갖 비바람이 괴롭혀도 항상 그 자리를 지키고 있기 때문이다. 묵묵히 마을을 지켜주는 느티나무 같은 존재다. 집 근처에 삼잎국화가 보인다.

조밥나물

43

거지가 상추 대신 쌈으로 먹었다는 삼잎국화

시골에서 어린 시절을 보낸 나는 고향 마을의 모습을 지금도 기억한다. 어느 집을 가면 마당과 주변에 어떤 물건이 놓여 있었는지, 눈을 감고 되짚어보면 그 광경이 생각날 정도다. 또 논과 밭 등에서 봐왔던 식물들도 머릿속에 남아 있어 전공 공부가 훨씬 수월했던 것 같다. 이제는 엄청난 변화로 옛날 모습이 많이 사라졌지만 이웃집이 있었던 장소를 지나가면 새록새록 많은 추억이 떠오른다. 얼른 생각나는 것 중 한 가지를 꼽으라면 바로 장독대와 삼잎국화에 대한 추억이다.

그때는 삼잎국화를 '양노랭이'라고 불렀다. 지금이야 많은 쌈 채소들이 소개되어 골라 먹는 재미가 있지만 당시 시골에는 기껏해야 상추가 전부였다. 밭 가장자리에 심어놓은 상추는 여름철에 비가 오지 않아 잔뜩 가물면 쓴맛 나는 성분을 더 많이 분비해 어린아이가 먹기엔 쉽지 않았다. 한번은 이웃에 사는 친구 집에 놀러갔는데 마침 점심때라 친구네 가족들이

삼잎국화 군락

툇마루에 모여 앉아 식사를 하고 있었다. 그런데 친구 어머니께서 장독대로 가시더니 그 주변에 나 있는 풀을 뜯어 물에 씻은 뒤 밥상 위에 놓으셨고, 친구는 그걸로 쌈을 싸서 맛있게 먹는 것이었다. 매일 보기는 했지만 그 풀이 먹는 것이라고는 생각도 못했던 터라 황당했다.

집에 와서 어머니께 여쭤보니 그 풀은 거지들이 동냥을 왔다가 뜯어가서 상추 대신 쌈을 싸 먹는 풀이라고 했다. 어렸을 때만 해도 거지가 마을에 나타나면 무서워서 집 밖으로 나오지도 못할 정도였는데 거지들이 먹는 풀이라니 놀랄 수밖에 없었다. 나중에야 그것이 삼잎국화 잎이었음을 것을 알게 되었다. 그리고 사실 삼잎국화 잎이 너무 맛이 좋고 영양가도 많아 남 주기가 아까워 옛날 사람들이 거지들이 먹는 풀이라는 말을 지어낸 것이라고 한다. 그래서인지 최근 한동안 삼잎국화가 원기 회복에 좋고

삼잎국화 잎

삼잎국화 꽃

삼잎국화 열매

피를 맑게 해준다는 '신선초'로 잘못 알려지기도 했다.

삼잎국화는 2미터까지 자라 '키다리나물'이라고도 한다. 줄기는 분백색을 띠고, 뿌리는 빠른 속도로 퍼져 몇 뿌리만 심어도 금세 커다란 군락을 이룬다. 잎은 몇 갈래씩 갈라지는 것이 대부분이지만, 줄기에 달리는 위치에 따라 달라 위쪽으로 갈수록 적게 갈라지고 크기도 작아진다. 설상화와 통상화로 이루어진 두화는 노란색으로 피고 설상화는 뒤로 젖혀지듯 처진다. 재배하는 종류는 겹꽃이 피는 개체들이 대부분이다.

꽃이 활짝 피는 시기가 되면 꽃 무게 때문인지 몰라도 올곧게 서 있는 줄기를 찾아보기 힘들다. 바람에 휘청거리는 꽃에 벌이나 나비라도 찾아오면 삼잎국화는 꿀은 물론이요, 그네를 탈 수 있는 기회까지도 제공한다. 벌과 나비 입장에서는 일석이조다.

삼잎국화의 학명은 *Rudbeckia laciniata*이다. 속명 *Rudbeckia*는 식물학자 린네의 스승이며 후원자인 루드베크(Rudbeck) 부자(父子)에서 유래하였으며, 종소명 *laciniata*는 잘게 갈라진다는 뜻으로 잎의 모양을 표현했다. 우리나라에는 삼잎국화가 포함된 원추천인국속(屬)의 식물로는 삼잎국화와 원추천인국 등 2종류뿐인데 절로 나지는 않고 모두 재배되고 있다.

삼잎국화라는 우리 이름은 '삼'과 잎이 비슷하고, '국화'와 비슷한 꽃이 핀다는 데서 유래하였다. 삼잎국화와 달리 꽃잎이 겹꽃으로 피는 개체는 만첩삼잎국화라고 한다.

삼잎국화는 지방에서 '세잎국화', '루드베키아', '원추천인국', '양노랭이'라고 부르기도 하며, 어린순은 나물로 한다.

사실 삼잎국화의 잎을 쌈으로 먹어보면 그다지 특별한 맛은 없다. 다만 약간 단맛이 나면서 아삭아삭한 식감이 있어 먹기가 좋다. 어렸을 때는 이 쌈이 왜 그렇게도 먹고 싶었는지……. 저만치에서 쑥이 반겨준다.

만첩삼잎국화 잎

만첩삼잎국화 꽃

44

쓰임새가 다양한 팔방미인 쑥

햇빛이 비치는 양지쪽이나 숲 가장자리 주변을 지나면 늘 만나는 식물이 있다. 바로 '쑥'이다. 새순이 나오는 이른 봄에 나물이나 떡을 만들려고 바구니를 들고 쑥을 찾아 나섰던 생각이 난다. 또 봄바람이 산들거리는 이른 봄, 아낙네들은 쑥이 자라는 곳에 삼삼오오 모여 앉아 이런저런 이야기를 나누며 반찬거리로 쑥을 뜯곤 했다.

쑥 종류는 쓰임새가 다양해서 음식뿐만 아니라, 젖은 물건들을 말리는 '발'의 재료이기도 하고, 한방에서는 말린 쑥으로 뜸을 뜨는 데 사용하기도 한다. 강화도에서는 잎이 더 많이 갈라지고 해풍이 부는 곳에서 자라는 종류를 사자의 발을 닮았다 하여 '사자발쑥'이라 부르며, 농축액으로 만들어 건강식품으로 판매하기도 한다. 또 강원도 인제 지역에서 유명한 '인진쑥'도 쑥의 한 종류로, 원래 이름인 '더위지기'를 달리 부르는 이름이다.

쑥 군락

쑥은 단군 신화에도 등장할 만큼 오랜 역사를 지닌 식물이다. 쑥 종류는 다른 식물의 생존을 막거나 성장을 저해하는 작용을 뜻하는 상호 대립 억제 작용, 즉 흔하게 알려진 알레로파시(allelopathy) 또는 타감작용(他感

더위지기

作用)이 있는 식물로도 유명하다. 소나무 같은 경우는 타감작용이 강해 잎뿐만 아니라 뿌리, 줄기 등 모든 기관에서 화학물질을 분비하는 것으로 알려져 있다. 이런 작용을 하는 물질을 타감물질이라 하는데, 대표적으로 페놀화합물, 탄닌, 테르페노이드 등이 있다. 고추와 마늘에 들어 있는 매운 성분인 캡사이신과 알리신 등도 타감물질의 일종이다. 이런 화학물질은 선택성 제초제를 만드는 데 이용되기도 한다.

이처럼 쑥속(*Artemisia*)에 포함된 식물은 기능과 종류가 다양한데, 모양까지 비슷하게 생겨서 구별하기가 쉽지 않다. 가장 대표적인 쑥을 중심으로 특징을 알아보자. 줄기는 세로로 줄이 홈처럼 파여 있으며 약간 갈색을 띠고 거미줄 같은 흰색 털이 분포한다. 땅속줄기는 옆으로 뻗어나가며 마디마디에서 새로운 줄기가 나와 전체적으로 모여나는 것 같은 형태를 이룬다. 줄기에 달리는 잎 가장자리는 중앙부까지 깊게 갈라져 몇 개의 조각 형태로 보이는데, 각각의 조각은 긴 타원상 피침형으로 2~4쌍이 붙어 있다. 잎 뒷면은 흰색 털이 가

어린 쑥

쑥 뿌리잎

쑥 꽃

득 퍼져 있어 흰색으로 보인다.

줄기에 붙는 잎들은 위쪽으로 갈수록 크기가 작고 갈라지는 수도 줄어들어 최종적으로는 3갈래로 갈라진다. 꽃은 원줄기 끝에 원추꽃차례[圓錐花序]로 달리는데 끝이 한쪽으로 약간 기울어지고, 꽃의 지름은 2~4밀리미터로 아주 작아 마치 벌레가 붙어 있는 것처럼 보인다. 꽃의 보호기관인 총포(總苞)는 긴 타원형의 종 모양이며 4줄로 배열되고 조각의 일부는 거미줄 같은 털로 덮여 있다.

쑥의 학명은 *Artemisia princeps*이다. 속명 *Artemisia*는 그리스 신화에 등장하는 여신 아르테미스(Artemis)에서 유래하였으며, 종소명 *princeps*는 귀공자처럼 생겼다는 뜻을 가지고 있다. 쑥이라는 우리 이름은 쑥을 뜻하는 한자 '애(艾)'에서 비롯되었다고 한다.

우리나라에서 자라는 쑥속(屬) 식물에는 26종류가 있다. 쑥과 형태적으로 유사한 참쑥은 잎 앞면에도 흰색 털이 있어 구별된다.

쑥은 지방에서 '바로쑥', '사재발쑥', '약쑥', '타래쑥'이라고 부른다. 민간에서 어린순은 식용으로 하고, 다 자란 것은 복통이나 토사, 또는 피를 멈추게 하는 지혈제로 사용한다.

한여름 밤, 가족들이 마당 평상에 둘러앉아 도란도란 이야기꽃을 피울 때면 어김없이 말린 쑥으로 모깃불을 피웠다. 벌통 뚜껑을 열 때도 쑥 연기가 최고였다. 요모조모 따져봐도 쑥은 이곳저곳 쓰임새가 많다. 팔방미인이 아닐 수 없다. 근처에 왕고들빼기가 있다.

45

야생 쌈 채소의 최고 왕고들빼기

쓴맛의 대명사인 씀바귀나 고들빼기는 어린아이들에게 당연히 인기가 없다. 어른들은 잎에서 나오는 흰색 유액만 봐도 금세 입 안에 침이 고일 정도이지만 아이들은 그 묘한 맛을 아직 모른다. 그런데 요즘은 이런 분위기가 좀 달라졌다. 몸에 좋다는 신선한 채소들이 하도 많이 생산되고 있고, 또 건강에 대한 엄마들의 극성에 쓴맛이든 단맛이든 건강식으로만 소개되면 줄줄이 팔려 나가기 때문이다. 물론 서양 채소들이 주류를 이루고 있지만 간혹은 우리 것이 좋다는 이유로 대량 생산을 고집하는 농가들도 있다.

그중 대표적인 것이 쌈 채소이다. 우리나라 사람들의 육류 소비량이 급증했다고 해도 몸에 꼭 필요한 필수 비타민이 그다지 부족하지 않은 이유는 바로 쌈을 먹는 습관 때문이라고 한다. 쌈의 대표는 상추이지만 요즘 쌈밥 전문점들의 쌈 바구니에는 여태 이름도 들어보지 못한 많은 쌈 채소

1 왕고들빼기 2 왕고들빼기 꽃줄기
3 왕고들빼기 잎 4 왕고들빼기 꽃
5 왕고들빼기 열매

들이 함께 담겨 나온다. 그것들을 먹어보면 특이한 향이 나거나 식감이 좋은 것들이 대부분이다. 색깔까지 맞춰놓아 보기만 해도 군침이 돌 때가 많다. 이런 다양한 쌈 채소 중 그래도 자존심을 세워줄 만한 우리 식물이 있다. 바로 왕고들빼기 잎이다.

고들빼기는 여러해살이풀이기는 하지만 줄기 높이가 30센티미터를 넘지 못하는 작은 식물이다. 그런데 왕고들빼기는 1미터가량 크게 자라니, 말 그대로 고들빼기 중에서 왕이다. 겉모습이 우리 이름으로 잘 표현된 것 같다.

왕고들빼기 줄기와 잎의 흰색 유액

잎이나 줄기에 조금만 흠집을 내어도 흰색 유액이 방울로 맺힌다. 손가락 사이에 이 유액을 받아 문지르면 금방 끈적끈적해지고 시간이 더 지나면 시커멓게 물이 든다. 이 물질은 진통 작용과 최면 작용을 하는 것으로, 상추에도 들어 있는 락투카리움(Lactucarium)이라는 물질이다. 이 물질은 쓴맛을 내는 알칼로이드 화학물질로 주성분은 락투신(Lactucin), 락투서린(Lactucerin), 락투신산(Lactucic acid) 등으로 구성되어 있다.

잎은 전체적으로는 피침형 또는 긴 타원의 피침형으로 길이가 10~30센티미터나 되어 쌈으로 먹어도 충분하다. 위쪽으로 가면 갈라지지 않는 잎이 많지만 아래쪽 잎 가장자리에는 불규칙하게 갈라진 톱니가 있어 민들레 잎과 비슷하다. 따라서 민들레 잎을 쌈으로 먹는 데 익숙한 우리로서는 왕고들빼기 역시 별 거부반응 없이 먹거리 재료로 이용하고 있다.

꽃은 노란색이고 설상화로만 이루어진 두화의 폭은 2센티미터 정도이며, 씨에는 흰색 관모가 있다.

왕고들빼기의 학명은 *Lactuca indica*로, 속명 *Lactuca*는 라틴어로 '상추'의 옛날 이름이며 줄기에 달리는 잎에서 유액이 나온다는 뜻이다. 종소명 *indica*는 인도 지방에서 자란다는 의미이다. 우리나라에서 볼 수 있는 왕고들빼기속(屬) 식물은 상추, 두메고들빼기 등 9종류가 있다. 왕고들빼기보다 잎이 갈라지지 않고 피침형인 가는잎왕고들빼기는 중국이 원산으로, 가장자리가 갈라지지 않은 잎은 용의 혓바닥처럼 생겼고 농가에서 재배되는 것을 용설채라 한다.

왕고들빼기는 꽃이 필 무렵이면 진딧물이 많이 들러붙어 있는 것을 볼 수 있다. 어떤 때는 꽃줄기 전체가 시커멓게 보일 정도로 많이 붙어 있는데, 그렇게 독한 유액을 빨아먹고 사는 진딧물이 신기하다는 생각도 든다.

왕고들빼기를 쌈으로 주는 고깃집에는 손님이 더 많은 것 같다. 시골 방언으로 '새똥'이라고 부르는 이름 때문인지, 아니면 진정한 쓴맛을 아는 사람들 때문인지는 모르겠지만 항상 붐빈다. 왕고들빼기는 야생에서 볼 수 있는 진정한 우리 쌈 채소라 할 수 있다. 주변에 역시 쓴맛으로 유명한 익모초가 보인다.

가는잎왕고들빼기

가는잎왕고들빼기 잎

두메고들빼기

상추

46

어머니를 위한 보약 익모초

어머니의 병을 낫게 했다는 전설을 지닌 익모초는 예로부터 민간요법으로 사용해온 약이 되는 식물이었다. 옛날에 아들이 정성스럽게 약초를 달여드려 어머니의 병이 깨끗하게 나았지만, 약초의 이름을 알 수 없어 '도울 익(益)' 자에 '어미 모(母)' 자를 써서 '익모초(益母草)'라는 이름을 붙여주었다는 전설이 있다.

어린 시절 집으로 들어가는 입구에는 마치 화초라도 심어놓은 듯 길 주변으로 익모초와 댑싸리, 그리고 자두나무 같은 유실수가 몇 그루씩 심어져 있었다. 이처럼 익모초는 주로 집 주변에서 재배하는 경우가 많았는데 요즘에는 널리 퍼져나가 야생화한 개체들이 많아 오래 묵혀 거칠어진 밭이나 도심 주변의 산책로에도 눈에 잘 띈다.

익모초 잎을 훑어내어 작은 절구에 넣고 찧은 후 짜면 진한 녹색의 즙이 나왔다. 한여름에 배가 아프거나 더위를 먹어 아플 때면 어머니 옆에 앉아 구경하던 기억의 한 장면이다. 그 맛이 얼마나 쓰던지 몇 번을 물로 입안을 헹궈도 아주 오랫동안 쓴맛이 가시지 않았다. 그러나 요즘은 어떤가? 아파트 단지나 마을이 새로 들어서면 병원은 말할 것도 없고 약국도 한 집 건너 하나씩 보일 정도로 많아졌다. 병원을 찾는 것이 익모초를 찾아 즙을 내는 시간보다 훨씬 빠르고 안전하다는 이야기도 될 것이다.

이처럼 오래전부터 구전이나 전설로 전해 내려오면서 민간요법으로 이용하는 식물 유전자원 중 사회적 또는 경제적으로 가치를 가진 종류를 '민속식물'이라고 한다. 2005년부터 2013년까지 9년에 걸쳐 국립수목원에서는 전국 140개 시·군의 862개소에서 1768명의 주민을 대상으로 현지조사를 통해 총 974분류군의 민속식물을 기록하고 분석한 바 있다. 이 중 익모초는 이용빈도가 높은 종류로 분석되어 오랫동안 민간에서 사용해왔음이 입증되었다.

익모초 군락

익모초

1 익모초 줄기잎
2 익모초 꽃
3 익모초 묵은 열매

특히 약용으로의 이용은 208회 인용으로 1순위였으며, 지역적으로도 제주, 전남 · 북, 경남 · 북, 충남 등에서 여러 용도로 사용하는 종류로 상위에 올랐다.

익모초의 형태는 줄기부터 특이하다. 만져보면 둔한 사각이 지고 가운데는 골이 파여 옴폭 들어가 있으며, 흰색 털이 나 있다. 잎은 다양한 모양이어서 뿌리잎은 거의 원형으로 가장자리에 크고 불규칙한 톱니가 있으며 잎자루가 길지만 꽃이 필 때쯤 없어진다. 이와 달리 줄기에 달리는 잎은 2~3갈래로 갈라지고 갈라진 조각은 다시 1~2번 더 나눠져 작은 포크 모양을 이루어 구별된다. 따라서 봄과 가을에 새로 올라오는 잎의 모양은 천지차이다. 홍자주색 꽃은 네모진 줄기의 마디마디에 층층이 돌려나며 꽃자루가 없어 줄기에 붙어 있는 것처럼 보인다. 잎이나 꽃이 전형적인 꿀풀과(Labiatae) 식물의 특징을 보인다고 할 수 있다.

익모초의 학명은 *Leonurus japonicus*이다. 속명 *Leonurus*는 그리스어로 '사자'라는 뜻의 leon과, '꼬리'를 뜻하는 oura의 합성어로 꽃이 피어 있는 모양을 표현한 것이며, 종소명 *japonicus*는 일본 지역에서 자란다는 뜻이다.

우리나라에서 자라는 익모초속(屬) 식물에는 송장풀과 익모초 2종류뿐인데, 송장풀은 잎이 달걀 모양 또는 좁은 달걀 모양으로 갈라지지 않고, 열매인 분과는 쐐기 모양처럼 달걀을 거꾸로 세워 놓은 모양이어서 차이가 있다. 익모초는 지방에서 '개방아' 또는 '임모초'라고 부르는데, 발음이 어려워서인지 '육모초'라고 부르는 경우가 많다.

무더운 여름철에 대비하여 익모초 즙을 내어 미리 먹어두면 어떨까? 비록 맛은 쓰지만 기후변화로 점점 올라가는 온도에 적응하기 위한 예방 차원에서라도 말이다. 저만치에 커다란 꽃이 돋보이는 원추천인국이 보인다.

송장풀

47

하늘이 인정한 국화 원추천인국

한자의 의미와는 거리가 있지만, 우리말 그대로 '하늘이 인정한 국화'라면 얼마나 아름답고 근사한 꽃일까? 화려함은 물론이요, 오랫동안 볼 수 있는 꽃과 잎이 있다면 더 말할 필요가 있을까? 7월이 되면 도심 주변 산책로나 도로 가장자리 화단에 심어져 있는 '원추천인국'이란 식물을 보고 느낀 점이다. 우리나라에 절로 나서 자라는 것은 아니지만 줄기가 끊어져도 그 근처에 꽃이 될 눈이 있으면 바로 새로운 꽃을 피우는 대단한 능력의 소유자다. 예초기로 풀베기를 하고 난 뒤 다시 나오는 줄기의 높이는 겨우 한 뼘에 지나지 않지만 거기에 피는 꽃은 정상적인 개체와 비슷한 수준이니 놀랄 수밖에…….

원추천인국은 먼저 커다란 꽃 크기로 사람들의 관심을 끌고, 화려한 노란색 꽃으로 사람들을 유혹한다. 이에 비해 줄기나 잎은 매우 거칠어서 높이 30~50센티미터의 나지막한 줄기에는 만지면 따가울 정도로 강한 털

원추천인국 군락

이 가득 나 있다. 두껍고 잎자루도 없는 긴 타원형 또는 주걱 모양의 잎에도 앞뒤에 털이 많이 나 있다. 꽃은 긴 꽃자루 끝에 설상화와 통상화로 이루어진 두화가 1송이씩 달린다. 설상화는 전체가 노란색이거나 윗부분이 노란색에 밑부분은 자갈색이며, 통상화는 암적색 또는 검은색이어서 위에서 내려다보면 마치 꽃 안으로 빨려 들어갈 것 같은 느낌을 받는다.

원추천인국 꽃

원추천인국이라는 우리 이름은 통상화가 모여 이룬 두화의 모양이 원추형(圓錐形)으로 자

원추천인국 잎

원추천인국 꽃

원추천인국 꽃 통상화

라는 천인국(天人菊)이라는 의미로 붙였다고 한다. 꽃 모양에 따라 원산지인 미국에서도 Coneflower라 부른다. 원추천인국이 우리나라에 소개된 시기를 보니 북아메리카에서 1959년에 관상용으로 들여와 재배를 시작했는데 지금은 많은 개체가 야생화가 되어 자라고 있다.

원추천인국에는 슬픈 전설이 있다.

미국 서부 개척 시대에 미군 장교 한 사람이 인디언 족장의 딸과 사랑에 빠졌는데 미군 장교는 인디언들과의 공존을 주장하다가 반대파에게 살해되었다. 족장의 딸은 사랑하는 사람의 갑작스러운 죽음에 큰 충격을 받아 식음을 전폐하다가 결국 하늘나라로 가게 되었다. 인디언 족장은 딸을 양지바른 곳에 묻어주었고, 이듬해 그 무덤가에서 족장의 딸 얼굴을 닮은 꽃이 피어나 사람들은 그 꽃을 루드베키아(Rudbeckia)라고 불렀다.

이 속 식물은 모두 북아메리카에 살고 있고 원예종을 포함하여 약 25종류이며, 우리나라에는 원추천인국, 삼잎국화, 겹삼잎국화 등 3종류가 재배되고 있다. 원추천인국은 삼잎국화 종류보다 식물체가 작고 잎은 단엽으로 두꺼우며 설상화에 2가지 색깔이 있어 차이가 있다. 북아메리카에서는 원추천인국의 뿌리와 꽃을 뱀에 물리거나 상처가 곪았을 때 치료제로 사용한다고 한다.

원추천인국의 학명은 *Rudbeckia bicolor*이다. 속명 *Rudbeckia*는 식물학자 린네의 스승이며 후원자인 루드베크 부자(父子)에서 유래하였으며, 종소명 *bicolor*는 2가지 색이 있다는 뜻으로 설상화와 관상화의 색깔을 표현한 것이다.

얼마 전 차를 타고 가다가 도로 주변으로 노란색 꽃이 한가득 만개한 풍경을 보고도 바쁘다는 핑계로 그냥 지나친 적이 있었다. 그러나 내내 궁금증이 가시지 않아 집으로 돌아올 때 일부러 그곳에 다시 들렀다. 가까이 가서 보니 언젠가 심어져 있었던 원추천인국 씨앗이 이곳저곳으로 튀어나가 이제는 화단 전체를 채우고 있었다. 잘 정리된 화단이 아닌 들쑥날쑥하게 여기저기서 환히 피어 있는 노란 원추천인국 꽃이 오히려 더 자연스럽고 사랑스러워 보였다. 근처에 원추리가 보인다.

48

해맑은 꽃잎이 보기 좋은 원추리

백만 송이 꽃을 보면서 산책을 한다면 어떤 기분이 들까? 온세상의 꽃들이 나를 반기는 것 같고 꽃향기에 흠뻑 취해 만사 제쳐놓고 마냥 꽃 속에 파묻혀 있고 싶은 마음이 들지도 모르겠다. 최근 전라남도 구례군에서는 원추리 백만 송이로 꾸민 꽃길을 섬진강 서시천변에 마련해 개방했다. 큼직한 꽃과 주황색, 노란색의 어여쁜 꽃 빛깔이라니! 당장이라도 달려가 마음껏 즐기고 싶은 아름다운 길이다.

원추리는 봄나물로 방송에 자주 오르내리는 식물이기도 하다. 그런데 몸에 좋은 나물이니 한껏 먹어보려는 욕심으로 쌈이나 생으로 먹은 뒤 배탈이 나서 병원 신세를 지는 사람들이 종종 있다. "서두르면 일을 망친다"라는 서양 속담에 딱 들어맞는 좋은 예이다. 만약 원추리를 나물로 먹고 싶다면 끓는 물에 데친 뒤 2시간가량 우려내야 독성이 완전히 제거된다고 한다. 아울러 뿌리는 구황식물처럼 먹었다고 하니 식용이든, 관상용이

원추리 군락

든 훌륭한 자원이 아닐 수 없다.

원추리의 뿌리는 원기둥의 양끝이 뾰족한 모양의 방추형(紡錐形)으로 굵어지는 덩이뿌리인데, 캐보면 뿌리가 주렁주렁 매달려 있는 모습이 아주 튼실해 보인다. 잎은 포개져 나고 끝이 뒤로 젖혀지며, 포개진 잎 사이로 2미터까지 높이 자라는 꽃줄기가 나오고 끝부분에 꽃잎 6장의 노란색 꽃이 몇 송이씩 달린다.

원추리 꽃의 특징은 학명에서도 잘 나타나는데 속명 *Hemerocallis*는 '하루'를 뜻하는 그리스어 hemera와 '아름답다'는 의미를 가진 callos와의 합성어로 꽃이 하루 만에 시든다는 뜻이 담겨져 있다. 그래서인지 활짝 핀 원추리 꽃을 만나기가 그리 쉽지 않다. 특히 오후 시간에는 더 그렇다. 종소명 *fulva*는 '진한 주황색'이라는 뜻으로 꽃의 색깔을 표현한 것이다.

원추리속(屬) 식물은 유라시아 지역을 중심으로 20여 종류가 자라는데

원추리 어린잎

원추리 성숙한 잎

더위나 추위에 강해 다양한 원예품종으로 개발되어 현재는 꽃 색깔과 크기, 꽃의 모양, 개화 시기가 다른 수천 종의 품종이 재배되고 있다. 현재 재배되는 원추리는 육종가인 스타우트(Arlow. B. Stout) 박사가 1930년대부터 수십 년간 개량, 육성하여 꽃이 더 크고 생장이 강한 신품종을 개발하여 보급한 것이다.

원추리 꽃

원추리라는 우리 이름의 정확한 어원은 알려지지 않았지만, 아마도 원추리의 한자 이름인 '훤초(萱草)'의 발음 변화에 의한 것으로 생각된다. 우리나라에는 원추리속(屬) 식물이 대략 10종류가 자라며 모든 이름에 '원추리'라는 낱말이 들어 있다. 원추리와 형태적으로 비슷한 각시원추리는 꽃잎 길이가 5.5~6센티미터로 작아 차이가 있다. 지방에서 원추리는 '겹첩넘나물', '넘나물', '들원추리', '큰겹원추리', '홑왕원추리'라고도 하며, 어린 순은 나물로 이용한다.

각시원추리

원추리 꽃을 보고 있으면 마치 말을 거는 것처럼 얼굴을 내민 듯한 모습이 무척 아름답다. 어떻게 보면 순수하고 해맑은 어린아이처럼 보이기도 한다. 그래서 활짝 핀 원추리 꽃을 만나면 그날은 하루가 행복하다. 구석에 땅을 기어가듯 보이는 중대가리풀이 있다.

49

자세히 살펴야 비로소 보이는 중대가리풀

식물의 이름이 마냥 듣기 좋은 것만 있지는 않다. 예쁘고 남들이 부르기 좋게 붙인 이름이라면 두말할 나위 없이 좋겠지만 그렇지 못한 것은 이름이 바뀌지 않는 한 계속해서 그 이름으로 불러야 한다. 그러나 때로는 듣기 불편한 이름이라도 그 이름을 들었을 때 식물의 모양이나 특징을 잘 헤아릴 수만 있다면 오히려 잘 붙인 이름이 아닐까 싶다. 예

마디풀

대사초

중대가리풀 군락

를 들면 '마디풀'은 줄기에 뚜렷해서, '대사초'는 잎이 대나무를 닮았다 하여 붙인 이름들이다. 잘 지은 이름들이다.

'중대가리풀'도 마찬가지다. 불교를 믿는 사람들이 들으면 스님을 비하한다고 노발대발할 수도 있지만, 꽃이 모여 있는 두화(頭花)의 모양이 삭발을 한 후 뾰족뾰족하게 자란 스님의 머리 모양을 닮았다 하여 이런 이름을 붙였다고 하니 좀 귀엽게 느껴지기도 한다.

밭이나 논둑 근처 등 주로 습하거나 약간 그늘진 곳을 좋아하는 중대가리풀은 잎도 꽃도 아주 작고, 줄기도 땅 위를 기어가면서 자라기 때문에 자세히 들여다보지 않으면 그냥 지나쳐버리기 쉽다. 땅 위에 맞닿은 줄기 마디에서 뿌리가 내리는데, 끝을 잡고 힘껏 힘을 주면 옷이 찢어지는 것 같은 소리를 내면서 뿌리가 뜯겨져 나온다. 가지는 줄기에 여러 방향으로 나 있고 약간 비스듬하게 서 있어 위에서 내려다보면 바닥을 덮고 있는

중대가리풀

중대가리풀 꽃

중대가리풀 꽃과 열매

것처럼 보일 때도 있다. 학명에도 이런 모습이 녹아들어 있는데 속명 *Centipeda*는 '많다'는 뜻의 라틴어 centaurie와 '발'을 뜻하는 pes의 합성어로, 줄기가 지면을 따라 뻗으면서 잎이 많이 달린다는 것을 표현한 것이며, 종소명 *minima*는 '작다'는 의미를 가졌다.

꽃은 녹색이지만 가끔 갈색을 띤 자주색 꽃이 피기도 하고, 암술과 수술이 한 꽃에 들어 있는 양성화와 암꽃만이 달리는 단성화 2가지 형태로 핀다. 단성화의 암꽃은 크기가 작고 통 모양으로 양성화보다 많으며, 상대적으로 적은 수의 양성화는 꽃부리가 4갈래로 갈라진다.

중대가리풀은 전체적으로 작다는 느낌에 사진을 찍어도 원하는 부분의 모습을 얻기가 쉽지 않다. 잎에 초점을 맞추면 꽃이 문제고, 꽃이 괜찮으면 잎이나 주위 다른 꽃의 초점이 맞지 않는다.

언젠가 아침 일찍 밭작물을 살피다가 밭 가장자리에서 소복한 중대가리풀 군락을 만난 적이 있다. 지금까지 찍은 사진 중에 마음에 든 중대가리풀 사진이 없던 터라 다양한 방향과 거리에서 여러 장을 촬영했다. 그런데 카메라의 작은 화면으로 멀쩡하게 보였던 것이 컴퓨터로 옮겨 확인하자 초점은 물론이고, 노출도 이상했고 급기야 색상까지 달라 다른 식물로 보이는 것이었다. 결국 그날 찍은 사진은 모두 버렸고 몇 번을 다시 촬영했지만 아직까지 마음에 드는 사진이 없다.

우리나라에서 볼 수 있는 중대가리풀속(屬) 식물에는 중대가리풀 1종류가 거의 전 지역에 절로 나서 자라며, 지방에서는 '땅과리' 또는 '토방풀'이라 부르기도 한다. 중대가리풀은 이름이 조금 센 편이지만 '중대가리나무'도 있으니 그렇게 요란을 떨 것도 아닌 것 같다. 소복하게 뭉쳐 보이는 한 모둠, 한 모둠이 사랑스럽기만 하다. 양지쪽으로 꽃이 예쁜 참나리가 보인다.

중대가리나무(© 이용순)

중대가리나무 꽃(© 이용순)

50

야생 나리 중 최고 참나리

꽃집에서 꽃다발 선물로 가장 인기 있는 꽃은 무엇일까? 아무래도 장미나 백합이 가장 먼저 떠오른다. 그 이유는 꽃 색깔을 다양하게 개량했거나 오랫동안 꽃을 볼 수 있는 품종들이 많아졌기 때문이다. 그렇다면 우리나라에서 절로 나서 자라는 백합 종류는 없을까? 백합이라는 이름은 재배하는 품종에 붙이는 이름이라면, 이른바 '나리' 또는 '나리꽃'이라 부르는 것들은 우리나라에서 절로 나서 자라는 백합들이다. 개체 수가 줄어들어 희귀식물로 지정되어 귀한 대접을 받고 있는 날개하늘나리나 솔나리 같은 종류가 있는가 하면, 각각의 종류가 가지고 있는 독특한 특징, 즉 꽃이 피는 방향을 바탕으로 이름 붙인 하늘나리, 하늘말나리, 땅나리 등도 있다.

그런데 진정한 의미의 나리꽃이라 할 수 있는 것은 '참나리'가 아닐까 한다. '참'이라는 낱말이 있으니 '진짜'라는 의미가 담겨 있을 것 같다. 비

참나리 군락

록 결실률은 낮지만 열매를 맺기도 하고, 꽃과 상관없이 무성적으로 번식할 수 있는 살눈[肉芽]이 있으며, 땅속 비늘줄기인 인경(鱗莖)을 식용이나 약용으로 널리 사용하여 이런 이름으로 부르게 된 것으로 보인다.

참나리는 야생에서도 쉽게 눈에 띈다. 줄기가 1~2미터까지 높이 자라기도 하고, 진한 자주색의 줄기 표면에 흑자주색 점이 있으며, 어릴 때는 흰 털로 덮여 있어 특이하고, 잎이 달리는 겨드랑이에 짙은 갈색의 살눈이 달려 있어 우리의 눈길을 끈다. 땅속에 있는 탁구공만 한 크기의 인경은 먹어보면 쓴맛이 나고, 밑에서 뿌리가 내린다. 꽃은 우리나라에 절로 나서 자라는 종류 가운데 화려함으로만 본다면 몇 손가락 안에 들 정도로, 짙은 황적색 바탕에 흑자주색 점이 있어 아름다움이 배가 된다.

참나리 꽃에서는 백합꽃처럼 진한 향기가 나지 않는다. 꽃의 크기나 화려함에 비하면 조금 실망스럽지만 대신 화려한 꽃잎 무늬와 꿀로 제비나

1 참나리 잎 2 참나리 잎겨드랑이의 살눈
3 참나리 꽃

비나 호랑나비 같은 친구들을 불러들인다. 지금은 참나리 학명의 종소명을 피침 모양의 잎을 가졌다는 의미로 *lancifolium*을 사용하지만 예전에는 꽃잎의 모양이 호랑이의 표피 무늬를 닮았다는 뜻에서 *tigrum*을 사용해 학명에 꽃의 특징을 표현하기도 했다.

우리나라에서 볼 수 있는 백합속(*Lilium*) 식물에는 원예식물로 재배되는 백합을 포함하여 21종류가 있다. 참나리와 형태적으로 비슷한 중나리는 땅속줄기가 옆으로 뻗고 쓴맛이 없으며, 무성아인 살눈이 없어 구별된다. 참나리는 지방에서 '나리', '백합', '알나리'라고 부르며, 집 근처나 화단에 관상용으로 재배하기도 한다.

7월 중순이면 우리 대학교 곳곳에 참나리가 화려한 꽃을 피운다. 몇 개체씩 심어놓은 터라 커다란 군락은 아니지만 차들이 들어오는 입구 쪽에 멋지게 피어 하루를 즐겁게 해주는 역할을 한다. 도로 주변이나 야산에 절로 나서 자라는 개체들은 더 멋지다. 녹색 잎으로 가득 차 있는 식물들 사이로 올라온 꽃의 모습이 마치 아름다운 영화 속의 주인공처럼 돋보이기 때문이다.

내 고향인 횡성으로 가는 길에는 참나리 군락이 눈에 많이 띈다. 홍천 부근에서 매주 봐왔던 참나리 군락이 일제히 꽃을 피운 것을 보고 1교시 수업에 늦은 것도 잊은 채 열심히 사진을 찍었던 적도 있었다. 이른 아침에 이슬을 머금은 꽃의 영롱함이란 그 어떤 것도 부러울 것 없는 행복한 모습 그 자체다. 도로 주변에 차풀이 보인다.

하늘말나리

날개하늘나리

솔나리

하늘나리

51

수박 향기가 나는 차풀

식물의 생김새를 바탕으로 이름을 붙인다면 얼마나 쉬울까? '수박풀'이란 종류가 있다. 잎이 수박을 닮아 이름을 지었다고 하는데 잎을 제외한 꽃이나 열매는 수박과는 거리가 멀다. 보통 수박이라고 하면 둥그렇게 생긴 열매가 가장 먼저 떠오른다. 그런데 잎이 닮았다고 하니 수박 잎을 본 사람이 얼마나 될까를 생각하면 아이러니하다.

수박풀

잎을 떼어 손바닥에 몇 번 내리친 뒤 냄새를 맡아보면 수박 향이 나는 식물이 있다. 어쩌면 이 식물이 진정한 의미의 수박풀로 불러야 하는 것은 아닌지 조심스레 생각해본다. 바로 '차풀'이라는 식물인데 겉으로 봐서는 수박과 딴판이다. 물론 수박은 박과(Curcubitaceae)

차풀 군락

식물이고 차풀은 콩과(Leguminosae) 식물이니 족보도 전혀 다르다. 누가 어쩌다 이런 특징을 발견했는지는 모르겠지만 한번 경험한다면 아마 차풀이라는 식물을 평생 잊지 못할 것이다.

차풀은 줄기에 가지가 많이 갈라지고 짧은 털이 많은 것이 특징이다. 잎은 자귀나무의 잎을 닮은 복엽으로, 작은 잎 15~30쌍이 다닥다닥 붙어 있다. 여름에 피는 노란색 꽃은 콩이나 팥의 꽃과 비슷한 크기로 달린다.

차풀의 학명은 *Chamaecrista nomame*인데 속명 *Chamaecrista*는 '작다'는 뜻의 그리스어 chamai와 '닭의 볏'을 뜻하는 crista의 합성어이다. 종소명 *nomame*는 '콩'과 관련된 일본 이름에서 유래하였다고 한다. 차풀이라는 우리 이름은 식물체를 차 재료로 이용해서 붙인 것이라고 한다. 우리나라에서 볼 수 있는 차풀속(屬) 식물은 차풀 1종류뿐이며, 학자에 따라서는 석결명 또는 결명자와 같은 속으로 취급하기도 한다. 차풀은 시골에서 '눈

1 차풀 꽃과 어린 열매 2 차풀 꽃 3 차풀 늦가을 열매(아래)

차풀' 또는 '며느리감나물'이라 부르기도 한다.

채집을 하다 보면 같은 속은 아니지만 비슷한 크기와 잎 모양에서 자귀풀을 차풀로 오인하는 경우가 종종 있다. 속은 다르지만 자귀풀은 '수줍어한다' 또는 '모양이 바뀐다'는 뜻의 그리스어 Aeschynomenos에서 유래한, 잎이 오므라드는 것을 표현한 것이다. 차풀과 달리 자귀풀은 줄기가 녹색이고 똑바로 자라며 잎은 10~20쌍으로 수가 적다. 잎 끝은 둥글고 선점이 없으며, 줄기는 비었고 열매에는 수평으로 된 마디가 있어 차이가 있다.

잎이 접히고 관상용으로 재배하는 브라질 원산의 미모사도 빼놓을 수 없는데 잎은 칠엽수(七葉樹)처럼 긴 잎자루 끝에 갈라진 2쌍의 조각이 손바닥 모양으로 펴지고, 각각은 다시 깃처럼 갈라진다. 미모사는 잎을 건드리면 곧바로 밑으로 처지면서 좌우의 작은 잎이 오므라져 시든 것처럼 보인다. 지금 이야기한 3종류 모두는 어떤 자극이나 빛의 양에 따라 잎이 접히는 수면운동을 하는 대표적인 초본식물이다.

강원도 고성의 하구역 조사를 갔다가 잘 닦인 제방의 산책로를 따라 이동하던 중 드넓은 차풀 군락을 만난 적이 있다. 마치 누가 일부러 심어놓은 것처럼 보일 정도로 많은 개체가 함께 자라고 있었는데, 참빗처럼 가늘게 갈라진 잎의 모습이 아주 특이했다.

학교에서 야외 실습을 할 때 가끔 차풀로 수박 향 찾기 놀이를 한다. 대부분의 학생들은 모두 놀라는데, 간혹 수박 향이 나지 않는다는 학생들도 있다. 그럴 때는 사실 당황스럽다. 하지만 어쩌랴, 말만으로도 충분히 차풀을 각인시키는 경험이 되었으니 후회는 없다. 저만치 쥐꼬리망초가 보인다.

자귀풀

미모사

52

쥐꼬리를 닮지 않은 쥐꼬리망초

집을 나서서 산책을 하다 보면 가끔 뜻밖의 식물이 반겨 줄 때가 있다. 눈에 금방 들어오는 종류야 그렇다 하더라도 길가 한 구석에 살면서 남 보기를 부끄러워하는 종류는 일부러라도 앉아서 관찰해야만 숨은 매력을 볼 수 있다. 굳이 표현하자면 야외 조사를 위해 이곳저곳을 방문하지만 어떤 때는 양손 가득 채집 표본이 들려 있어도 뭔가 부족한 느낌이 들 때의 기분이라고나 할까? 보기 어려운 식물도 아니고 귀한 식물도 아닌 그저 잘 들여다보면 흔한데, 쉽게 외면하는 존재로 느껴지는 그런 종류인 것이다. 예컨대 '쥐꼬리망초'가 그렇다.

쥐꼬리망초는 이름에서 풍기듯, 좀 우스꽝스럽기도 하고 어떤 모습을 하고 있을까 궁금하기도 한 식물이다. 겉모습은 이렇다. 줄기는 옆으로 구부러지다가 위쪽은 똑바로 서며 사각이 지고 마디가 굵다. 줄기 전체에 잔털이 분포하며 달걀 모양의 잎에 1센티미터쯤 되는 잎자루가 있다. 꽃은

쥐꼬리망초 군락

7~9월에 연한 자줏빛을 띤 붉은색으로 피고 꽃차례는 줄기와 가지 끝에 2~5센티미터의 수상꽃차례[穗狀花序]로 달린다. 꽃부리는 길이 7~8밀리미터로 꽃받침보다 길고, 아래 꽃잎인 하순(下脣)은 3갈래로 갈라지며, 흰색 또는 연한 붉은색 바탕에 붉은색 반점이 있다.

쥐꼬리망초라는 이름은 꽃차례의 모양이 마치 쥐꼬리를 닮았다 하여 붙였고, 여기에 망초(網草)라는 낱말이 더해진 이름이다. 그런데 사실 내 눈에 쥐꼬리망초의 꽃차례는 쥐꼬리를 닮지 않았다. 문헌에 따르면 망초는 미나리아재비과(Ranunculaceae)의 투구꽃 종류, 즉 한방에서 말하는 '진교'를 의미하며, 풀어쓰면 '별로 좋지 않은 땅'을 뜻한다. 이 식물이 자라는 곳을 표현한 것으로 생각하지만, 연관성이 없다는 의견도 있다. 어쨌든 붙인 이름이니 나는 망초의 의미를 이렇게 해석하고 싶다. 쥐꼬리망초의 꽃받침이나 꽃을 보호하는 포에 나 있는 요란한 털이나 줄기 전체에 나 있는 잔털이 국화과(Compositae)에 속하는 망초에 나 있는 털처럼 보여 이렇게 붙인 것이 아닌가 싶다.

쥐꼬리망초의 학명은 *Justicia procumbens* 이다. 속명 *Justicia*는 18세기 스코틀랜드의 원예가이며 식물학자인 제임스 저스티스(James Justice)의 이름에서 유래하였으며, 종소명 *procumbens*는 바람에 쓰러진다는 도복형(倒伏形)이란 의미로 '구부러진 줄기'를 표현한 듯하다.

우리나라에서 볼 수 있는 쥐꼬리망초속(屬) 식물에는 쥐꼬리망초 1종류밖에 없으며, 지방에서는 '무릎꼬리풀' 또는 '쥐꼬리망풀'이라 부르기도 한다. 쥐꼬리망초는 통증을 제거하고 관절염에도 효과가 있는 것으로 알려져 있는데, 주로 식물체 전체를 말린 후 목욕물에 넣어 찜질하거나 생즙을 내어 아픈 곳에 붙이면 효과를 볼 수 있다고 한다.

쥐꼬리망초는 한해살이풀로, 4월쯤 발아하여 늦은 가을까지도 꽃을 볼 수 있다. 활짝 핀 꽃이 진 후 열매를 맺을 때쯤 어

쥐꼬리망초

쥐꼬리망초 잎

쥐꼬리망초 꽃

느새 새로운 꽃이 올라오는 것을 본 적이 있다. 같은 꽃차례에서 꽃이 피는 시간을 달리해 열매를 맺는 데 유리한 전략을 펼치는 똑똑한 식물인 것이다.

어떤 식물도감을 보면 쥐꼬리망초는 남부지방의 산기슭 아래에서 자란다고 되어 있지만, 춘천 같은 서울 이북 지역의 해가 잘 들어오는 길 주변이나 화단 같은 곳에서도 만날 수 있다. 연분홍빛 꽃이 아름다운 작은 식물이다. 부근에 털별꽃아재비가 보인다.

53

털북숭이의
대표
털별꽃아재비

식물 이름에 '털'이라는 낱말이 있으면 근원이 되는 모종에 비해 털이 많다는 의미가 포함되어 있어 대부분 변종이나 품종 등급을 받는다. 학명에도 털이 있다는 표현의 단어가 종소명이나 변종 또는 품종소명에 사용되기도 하지만, 털기린초(*Sedum selskianum*), 털꽃다지(*Draba nipponica*) 등 몇몇 종류는 털과는 전혀 상관없는 단어로 학명이 구성되어 있다.

그래서 우리나라 국가표준식물목록에 이름 앞에 '털'이라는 낱말이 있는 종류를 찾아보니 무려 163종이나 된다. 이 중 노골적으로 털이 있다는 뜻으로 붙인 '털별꽃아재비'는 1970년대 우리나라에 유입되어 자라기 시작한 외래식물로, 서울을 비롯한 중부지방에 널리 퍼져 나간 종류이다. 길을 걷다가 털별꽃아재비를 만난다면 잠시 숨을 고르고 살펴보라. 이름에 '털' 자가 붙으려면 적어도 저 정도는 있어야 할 것 같다는 생각에 고개가

털별꽃아재비 군락

절로 끈덕일 만큼 줄기나 잎에 털이 많다.

학명의 속명 *Galinsoga*는 스페인의 분류학자 갈린소가(Mariano Martinez Galinsoga)를 기념하기 위해 붙인 것이어서 털과는 상관이 없지만, 종소명 *ciliata*는 잎 가장자리에 털이 많다는 뜻으로 관련성이 있다. 높이는

털별꽃아재비 잎

털별꽃아재비 줄기의 털

털별꽃아재비 줄기와 잎 (© 지성사)

털별꽃아재비 꽃 (© 지성사)

15~50센티미터로 그리 크지는 않지만 습지나 조금 지저분한 장소에 많은 개체가 모여 군락을 이루기도 한다. 줄기 윗부분의 어린 가지와 마디 부분에 흰색의 긴 털이 많이 나 있어 털이 더 많아 보인다. 꽃은 흰색의 설상화와 노란색의 통상화로 이루어졌고, 꽃잎 끝이 각각 3갈래와 5갈래로 갈라져 있어 구별된다.

우리나라에서 볼 수 있는 별꽃아재비속(屬) 식물에는 별꽃아재비와 털별꽃아재비의 2종류가 있으며, 별꽃아재비는 설상화가 작아 거의 흔적처럼 남아 있고 관모가 없어 털별꽃아재비와 차이가 있다. 털별꽃아재비는 지방에서 '큰별꽃아재비' 또는 '털쓰레기꽃'이라 부르기도 한다.

외래식물의 공통적인 특징이기도 하지만 끈질긴 생명력은 털별꽃아재비도 예외가 아니다. 학교 연구실 앞 화단에서 자라는 개체들을 보면 몇 달을 연이어서 꽃이 피어 있다. 화단은 일정한 주기에 맞춰 제초 작업을 하게 되므로 애써 심어놓은 화초들을 제외하면 대부분 줄기가 잘려 나가기 마련이다. 1년을 예로 든다면 적어도 3번은 제초 작업이 이뤄진다. 그때마다 털별꽃아재비는 허리가 잘려 나가는 아픔을 당하는 대표적인 식물이었다. 건물의 정문 근처에 있는 화단이라 매일 관찰할 수 있었는데, 제초 작업 후 며칠이 지나면 잘린 줄기의 아래 마디에서 새로운 꽃대가 올라와 꽃이 피었다. 심지어 서리가 내리고 입동이 지난 11월 중순까지도 활짝 핀 꽃을 만날 수 있었다. 대체 언제까지 꽃이 피어 있을지 궁금하기도 했지만, 모든 시련을 이겨내고 새로운 출발을 시작하는 것처럼 꿋꿋한 모습에 감탄이 절로 나왔다. 외래식물만 아니라면 화분에 옮겨 심어 겨울내내 꽃을 보고 싶은 욕심이 생길 정도였다.

털별꽃아재비는 군락지가 아닌 한 개체만을 본다면 꽃이 작고 덩치도 그리 크지 않아 쉽게 눈에 띄지는 않지만, 많은 털 때문에 한 번 더 눈길이 가는 식물이다. 그러나 오밀조밀 모여 자라는 군락지에서는 흰색의 설상화가 그 몫을 톡톡히 해준다. 귀여움을 엿볼 수 있기 때문이다. 근처에 호프를 닮은 환삼덩굴이 있다.

54

호프와 사촌지간 환삼덩굴

우리가 주로 이용하는 나물 이야기를 하다 보면 자연스레 우리 식물에 대한 보전과 주권 확보에 대해서 이야기를 하지 않을 수 없다. 먹거리도 좋지만 적당히 했으면 하는 생각에서다. 불과 몇 년 전만 하더라도 울릉도의 고급 나물인 명이나물, 즉 산마늘을 성인봉 등산로 주

왼쪽 산마늘 **오른쪽** 곰취

환삼덩굴

변에서 쉽게 볼 수 있었는데 너 나 할 것 없이 마구 뿌리째 뽑아가 이제는 희귀한 식물이 되었다. 또한 조금 깊은 산이면 볼 수 있었던 곰취도 개체수가 줄어들고 있다. 이런 상태로 가다가는 머지않아 멸종이나 절멸이라는 꼬리표를 붙여야 할 위기가 오지 않을까 걱정이 된다.

이야기를 바꿔 좀 많이 뜯어 먹었으면 좋을 것 같은 나물을 소개한다. 언젠가 제자와 가끔 소식을 전하는 메시지에서, 환삼덩굴로 나물을 만들어 된장으로 쓱쓱 비벼 먹었더니 그 맛이 기가 막혀 즐거움을 함께 나누고 싶다며 느닷없이 비빔밥을 찍은 사진을 올렸다.

환삼덩굴을 어떻게 먹을 수 있을까? 덩굴성인 네모난 줄기에는 거꾸로 매달린 톱날 같은 가시가 전체를 뒤덮고 있다. 행여나 그 줄기가 다른 나무를 휘감고 올라가 덮어버리면 그 나무는 이내 말라 죽고 만다. 사람도 피부에 조금이라도 스치면 며칠을 고생해야 하는 무서운 식물이다. 그런데 나물로 먹는다? 좀 앞뒤가 맞지 않는다.

자, 그럼 지금부터 어떻게 비빔밥에 환삼덩굴을 넣고 비벼 먹었는지 알아보자. 이 식물은 숲속이나 산지에서는 살지 못하고 양지쪽을 좋아한다. 따라서 밭이나 집 근처 등 빈터에서 잘 자라는데, 그러다 보니 전년도에 흩뿌려진 씨가 양지쪽에서 한꺼번에 발아해 올라온다. 마치 상추씨를 뿌려놓으면 일제히 발아하듯이 말이다. 바로 이때가 환삼덩굴을 먹을 수 있는 시기이다. 어린싹이 올라와 줄기며 잎이 제대로 갖추어지지 않은 상태에서는 줄기가 부드럽고 잎도 떡잎 수준이라 나물로 이용할 수 있다. 연하고 부드러운 윗부분을 잘라내 물에 살짝 데치고 냉이, 달래, 된장을 넣어 조물조물 무친다. 봄에 만난 나물들을 모두 섞어 놓았으니 맛이 좋을 수밖에!

어린싹이 성장하여 줄기가 완성되면 줄기와 잎자루에 가시가 빽빽하게 나고, 줄기는 의지할 곳이 있으면 감고 올라가거나 서로 얽혀 큰 다발을 만든다. 잎은 단풍나무 잎처럼 5~7 갈래로 갈라지고 가장자리에는 규칙적인 톱니가 있으며 거센털도 퍼져 있어 웬만한 사람

환삼덩굴 어린순

환삼덩굴 잎

환삼덩굴 열매

환삼덩굴 수꽃

환삼덩굴 암꽃

들은 거부반응이 앞선다.

꽃은 암꽃과 수꽃이 따로 달리며 수꽃은 긴 꽃자루에 원추꽃차례[圓錐花序]로 달리고, 암꽃은 짧은 수상꽃차례[穗狀花序]로 몇 송이씩 달린다. 열매는 달걀처럼 생긴 둥근 모양이며 가운데가 부풀어 있다.

이상의 형태적 특징을 보면 환삼덩굴은 어린 시기를 제외하고 식용은 커녕 접근하기조차 어려운 식물로 보인다. 그렇다면 이른 봄에 싹이 난 직후 봄나물의 신선한 재료로 이용하는 전략을 세우는 것은 어떨까. 그러면 밭이나 들에서 피해를 보는 일도 없을 것이고 새로운 웰빙 식물로도 각광받을 수 있을 테니까.

환삼덩굴의 학명은 *Humulus japonicus*이다. 속명 *Humulus*는 '호프'의 튜턴(Teuton)어 어원의 라틴 이름이며, 네덜란드어의 hommel과 덴마크어의 humle와 관련이 있으며, 종소명 *japonicus*는 일본에서 자란다는 뜻이다. 환삼덩굴이라는 우리 이름은 지방에서 불렀던 한자 이름 '한삼(汗三)'에서 유래한 것으로 보인다.

우리나라에서 만날 수 있는 환삼덩굴속(屬) 식물에는 열매를 맥주의 쓴 맛을 내는 원료로 사용하는 호프와 환삼덩굴 등 2종류가 있다. 환삼덩굴은 지방에서 '범상덩굴', '언경퀴', '좀환삼덩굴', '한삼덩굴'이라고 부르며, 민간에서 열매는 위 기능을 튼튼하게 하는 데 사용한다.

가을에 만나는 환삼덩굴은 물고기를 잡은 뒤 널어놓은 그물처럼 양지쪽 바닥을 가득 채운 모습이다. 한해살이풀이지만 이듬해에는 어떤 이유로든 널리 퍼져 나가지 않았으면 좋겠다. 우리 땅에 절로 나서 자라는 식물들도 기를 펼 수 있어야 하니까 말이다. 주변 습지에 고마리가 있다.

55

습지식물의 대표 주자 고마리

요즘 동아리 모임 중에 '산삼동호회'가 인기 있다고 한다. 일정한 주기마다 모여 산행을 하며 심신을 단련하고 산삼도 캐며 즐거운 하루를 보내는 것이 주된 목적이다. "심봤다!"를 외치던 심마니들의 고된 삶에 비하면 얼마나 편한가! 처음에는 인위적으로 씨를 뿌려 자라게 하는 장뇌삼 밭에 데려가 산삼의 모양이며 캐는 방법 등을 알려준 후 본격적으로 산삼 채집에 나서는데, 첫날이라 해도 교육만 잘 받으면 몇 뿌리는 금세 캘 수 있다고 한다. 시간이 지나 어느 정도 경험이 쌓여 베테랑이 되면 본격적으로 야생 산삼을 찾으러 가는데 발품에 비해 소득은 신통치 않은 것이 대부분이다. 그 이유는 산삼이 사는 입지 환경을 정확히 알지 못하고 가기 때문이다.

대부분의 식물은 자기가 좋아하는 장소에서만 자란다. 그래서 산꼭대기에서 자라는 것은 고산식물, 북쪽지방처럼 기온이 낮은 지역에서 자라는

고마리 군락

것은 북방계 식물, 석회암 지대에서 주로 자라는 것들은 호석회성 식물, 그리고 습지를 좋아하는 것들은 습지식물이라 하여 구별한다. 습지식물의 대표적인 종류에는 어떤 것이 있을까? 우리나라의 경우 '고마리'가 가장 대표적인 식물이다. 큰 하천 주변뿐만 아니라 도랑과 웅덩이 등 어지간히 습한 곳이라면 항상 만날 수 있는 종류이다.

우리나라의 식물들은 습지에 출현하는 빈도에 따라 절대습지식물, 임의습지식물, 양생식물, 임의육상식물, 그리고 절대육상식물 등 5가지 유형으로 나눈다. 절대습지식물은 빈도가 98퍼센트로 거의 습지에서 자라는 종류이고, 절대육상식물은 습지 출현 빈도가 3퍼센트 이하로 추정되어 습지와는 연관이 거의 없는 종류를 말한다. 고마리는 이 중 습지 출현 빈도가 71~98퍼센트인 임의습지식물에 포함되는 습생식물로 탁 트인 습한 땅에서 주로 자란다.

고마리 줄기

고마리 잎

고마리 꽃

줄기는 옆으로 뻗고 마디에서 뿌리가 내리므로 대부분 커다란 군락을 이루며, 줄기 능선에 아래로 향한 가시가 있어 스스로를 보호한다. 잎은 화살촉처럼 생겨 특이한데 잎 가운데 부분의 큰 조각은 달걀처럼 생겼고 끝이 뾰족하며, 잎자루에 날개가 있고 잎맥과 더불어 아래로 향한 잔가시가 있다. 꽃잎이 없는 꽃은 가지 끝에 10~20송이가 뭉쳐 달리며 꽃자루에는 작은 털과 물질을 분비하는 털이 함께 분포하고, 5갈래로 갈라지는 꽃잎 모양의 꽃받침은 붉은색 또는 흰색을 띤다.

고마리의 학명은 *Persicaria thunbergii*이다. 속명 *Persicaria*는 '복사나무속'을 뜻하는 Persica에서 유래했으며, 종소명 *thunbergii*는 스웨덴의 생물학자 툰베르그(C. P. Thunberg)를 기념하기 위해 붙였다. 우리나라에서 자라는 고마리가 포함된 여뀌속(屬) 식물에는 43종류가량이 있으며 흔한 것으로는 여뀌, 개여뀌, 며느리밑씻개, 장대여뀌, 가시여뀌, 산여뀌, 미꾸리낚시 등이 있다.

고마리는 지방에서 '꼬마리', '조선꼬마리', '줄고만이', '큰꼬마리', '고만이'라고도 부르는

데, 아마 여기에서 고마리라는 우리 이름이 비롯된 것 같다. 민간에서는 줄기와 잎을 지혈제로 사용한다.

고마리는 수변이나 습지에 살면서 많은 역할을 한다. 하천 상류에서 내려오는 지저분한 물을 깨끗하게 해주고, 물고기에게 피난처나 산란 장소를 제공하기도 하며, 소의 먹이가 되기도 한다. 역할이 많아 칭찬해주고 싶은 식물이다. 주변 산책로 가장자리에 쇠무릎이 보인다.

여뀌

56

소의 무릎을 닮은 쇠무릎

요즘은 광고를 얼마나, 어떻게 하느냐에 따라 상점이든 병원이든 손님을 끌게 마련이다. 아주 유명세가 높다면 광고가 별로 큰 의미는 없겠지만, 새롭게 문을 여는 곳들은 광고가 필수적이라 할 수 있다. 광고는 그 상점의 이슈가 되는 특정한 상품을 주제로 하는 것이 많은데, 그러다 보니 광고만 보더라도 그곳에 대한 내용을 간파할 수 있을 정도다.

언젠가 신문을 읽다가 하단부에 큼지막하게 나와 있는 광고를 본 적이 있다. 중앙지에 이 정도 크기의 광고라면 많은 비용이 들었을 것이라 생각하면서 자세히 살펴보니 재미있는 이름이 눈에 들어왔다. 제목이 '무릅나무ㅇㅇㅇ'이었다. 생전 들어보지 못했던 나무 이름이라 잠시 의아했지만 이내 무릅나무가 무엇을 의미하는지 알게 되었다. 줄기 마디가 소의 무릎처럼 툭 불거져 나와 이름 붙인 '쇠무릎'을 의미하는 것 같아 관절을 고치는 병원이 아닐까 짐작했는데 내용을 읽어보니 내 생각이 옳았다. 쇠무릎

쇠무릎 군락

이라고 하면 무엇을 뜻하는지 잘 감이 오지 않지만 '무릅나무'라는 낱말은 금방 의미가 와닿아서 그렇게 한 것이 아닌가 싶다. 대신 '무릅나무'를 '무릎나무'로 했으면 더 좋았을 것을 하는 아쉬움이 있다.

그런데 쇠무릎은 나무가 아니다. 높이가 1미터까지 자라고 줄기가 억세 나뭇가지처럼 딱딱한 느낌도 있지만 엄연한 초본식물이다. 줄기는 네모지며 털이 없고, 가지가 많이 갈라져 왕성하게 자라 보기가 좋다. 줄기의 마디마디가 튀어나와 있는 것이 특징이며, 가끔 붉은색을 띠는 개체도 있다.

쇠무릎의 학명은 *Achyranthes japonica*이다. 속명 *Achyranthes*는 '쌀겨'를 뜻하는 그리스어 achyron과 '꽃'을 의미하는 anthos의 합성어로, 연한 녹색의 작은 꽃이 쌀겨처럼 보이는 것을 표현한 것이고, 종소명 *japonica*는 일본에서 자란다는 뜻이다.

쇠무릎속(屬) 식물은 우리나라에 쇠무릎 1종류밖에 자라지 않으며, 지방

쇠무릎 어린줄기

쇠무릎 줄기

에서는 '쇄무릎풀' 또는 '쇠무릅'이라 부른다. 어린순은 나물로 하며, 민간에서는 각종 통증을 낫게 하고 이뇨작용 또는 간 기능 회복에 사용한다고 한다.

꽃이 진 후 꽃줄기 밑에서 위를 향해 열매가 붙어 있는 모습은 마치 파리가 전깃줄에 앉아 있는 것처럼 보여 재미를 더한다. 이런 모습뿐만 아

왼쪽 파리풀
오른쪽 파리풀 꽃 (© 지성사)

니라 줄기 마디가 불쑥 튀어나와 있는 점과 꽃이 수상꽃차례에 달리는 점 등은 파리풀과(Phrymaceae)의 '파리풀'과도 매우 비슷하지만, 파리풀은 줄기가 둥글고 털이 많으며 잎 가장자리에 톱니가 있어 구별된다. 또 파리풀은 뿌리를 찧어 종이에 발라 파리를 잡는 데 사용할 정도로 독성이 강하지만, 쇠무릎은 식용이나 약용으로 사용되어 성분에도 차이가 있다.

언젠가 운동선수인 작은형님을 위해 쇠무릎을 한 바구니 뜯어다준 적이 있다. 배드민턴이 주된 종목이라 허리, 팔꿈치, 무릎 등이 중요한 부위인데 운동을 오래 하다 보니 관절 마디마디가 쑤시고 아프다는 것이다. 이 부위의 치료에 무릎나무라 불리는 쇠무릎이 좋다는 소문을 형님도 이미 알고 있어 채집해주겠노라고 약속을 했다.

쇠무릎이 사는 곳은 그리 깨끗하지 않은 곳이 많다. 약으로 사용할 재료이기에 선뜻 내키지 않는 장소의 것은 피하고 싶었다. 그래서 차일피일 미루다 어느 날 울릉도로 조사를 갔는데 나리분지 근처의 깨끗한 곳에서 쇠무릎

쇠무릎 마디

쇠무릎 잎

쇠무릎 꽃과 열매

군락을 발견해 반가운 마음으로 채집했다. 쇠무릎을 말려 형님께 전해주면서 큰소리로 말했다. 울릉도 청정 지역에서 가져온 것이니 약효도 2배로 효과가 있을 것이라고. 그래서인지 요즘은 아프다는 소리가 줄어들었다. 다행스러운 일이다.

쇠무릎을 잘 모른다면 열매를 맺는 시기에 도심 주변의 작은 산이나 강변의 산책로를 걸어보라. 길 주변으로 초본 종류가 보이는 곳을 무작정 걷다 보면 바지에 쇠무릎 열매가 한가득 붙어 있을 테니까 말이다. 하천 주변으로 달뿌리풀 군락이 보인다.

57

누워서 자라는 갈대

달뿌리풀

갈대와 억새처럼 흔하게 입에 오르내리는 식물은 모습을 모르더라도 이야기 중간이나 노랫말에 이름이 나오면 으레 따라하게 마련이다. 가을이면 억새꽃 잔치가 우리나라 전국 곳곳에서 열리고, 억새를 의미하는 '으악새'(꺽다리 새 '왜가리'라고도 한다)가 슬피 우니 가을이란다.

왼쪽 갈대 **오른쪽** 억새

달뿌리풀 군락

또 여자의 마음은 갈대 같다고 하여 약한 바람에도 쉬이 흔들림을 표현하기도 했다.

여기에 하나를 더해보자. 억새나 갈대처럼 자주 불리지는 않지만 집 근처라면 오히려 더 쉽게 만날 수 있는 것이 '달뿌리풀'이다. 꽃이 활짝 피고 줄기가 다발처럼 연결되어 마치 일부러 심어놓은 것처럼 뭉텅이로 자라는 달뿌리풀은 언뜻 보면 갈대나 억새를 연상하게 한다.

주로 도랑이나 하천 또는 큰 개울가에서 자라므로 물을 정화시키는 역할도 하고, 빠르게 흐르는 물의 흐름을 잠시 여유롭게도 하며, 물고기들에게는 집이나 산란 장소를 제공하기도 한다. 이뿐만이 아니다. 장마철에 흙탕물이 한바탕 지나가고 맑은 물이 흐르기 시작하면 강가로 나가 달뿌리풀 주변으로 족대를 대고 물속에 떠 있는 줄기를 발로 휘저으면 물고기 한두 대접 잡는 것은 순식간이다. 생태계에 여러 가지 유익을 주고 입도 즐겁게 해주는 훌륭한 식물이다.

달뿌리풀은 줄기가 땅 위를 기어가며 자란다. 마디마디에서 뿌리가 내려 식물체를 지탱해주는 역할을 하는데, 길이는 대략 2미터까지 자라고 속은 비었으며 마디에 털이 있다. 땅으로 뻗은 줄기 끝을 잡고 한바탕 씨름을 해서 당겨야 딸려 나올 정도로 마디의 뿌리가 튼튼하다. 하천 주변으로 모래땅이 있다면 뿌리는 더욱 깊숙하게 땅속으로 들어간다.

달뿌리풀의 학명은 *Phragmites japonica*이다. 속명 *Phragmites*는 '울타리'를 뜻하는 그리스어 phragma에서 유래하여 냇가에서 울타리처럼 자란다는 의미이며, 종소명 *japonica*는 일본에 분포한다는 뜻이다.

우리나라에서 자라는 달뿌리풀이 포함된 갈대속(屬) 식물에는 달뿌리풀과 갈대 등 2종류뿐이며, 갈대는 줄기가 완전히 땅으로 기지 않고, 꽃을 보호해주는 포영(苞穎)이 호영(護穎)보다 길이가 짧아 구별된다. 한편, 억새 종류는 억새속(*Miscanthus*)에 포함되어 비슷하게 보이는 갈대속 종류와는 기본적으로 차이가 있다. 달뿌리풀보다 포영과 호영 끝이 무디거나 잎

달뿌리풀 줄기

달뿌리풀 잎

달뿌리풀 꽃

몸 끝이 중앙맥과 직각으로 잘려 있는 듯한 큰달뿌리풀(*P. karka*)은 울릉도의 통구미 근처에서 자란다.

가을이 되어 꽃이 피고 나면 달뿌리풀은 주로 꽃줄기만 보여 갈대로 오해하는 경우가 많다. 그래서 습지 주변에 보이는 큰 꽃 뭉치들은 모두 갈대로 보기도 하는데 오히려 달뿌리풀일 확률이 더 높을 수도 있다. 요즘은 자연형 호수 기슭이나 생태 하천을 위해 달뿌리풀을 심는 지자체가 늘어났다. 수질 환경 개선을 위한 달뿌리풀의 유용성이 입증된 셈이다. 지난날 하천 주변의 돌망태나 석축 등으로 쌓아올린 인공적인 하천 공사에서 이제는 다시 옛 모습을 찾아가려는 친환경적인 기법이 각광받는 이유다.

달뿌리풀은 지방에서 '달' 또는 '덩굴달'이라 부르기도 하는데, 달뿌리풀이라는 우리 이름을 풀어보면 지상으로 기면서 뻗어가는 줄기를 가진 달, 즉 기면서 자라는 갈대라는 뜻이다.

달뿌리풀은 생명력이 끈질겨 물속에 잠겨도 쉽게 죽지 않는다. 특히 자라는 환경이 좋지 않아도 줄기가 성장하는 모습을 보면 하루가 다르게 빠른 속도로 자란다. 서로 의지하며 살아가는 모습에서 어떤 위험에 노출되어도 거뜬히 회복할 수 있는 강인함이 엿보인다. 근방에 생태계 교란 외래식물인 돼지풀이 있다.

58

초식동물도 싫어하는 돼지풀

식물 이름에 동물 이름이 들어가 있는 종류가 있다. 잎, 꽃, 열매의 전체 모양이나 각각의 특징을 이해하기 쉽게 표현하기 위한 까치발, 쥐꼬리새풀, 족제비싸리, 공작고사리, 범꼬리 같은 이름이 있는가 하면, 식물체에서 냄새가 나는 것을 비유한 쥐오줌풀이나 노루오줌 등도 있다. 이렇게 이름을 들어보면 쉽게 상상이 되지만 때로는 전혀 감이 오지 않는 경우도 있다. '돼지풀'이 대표적이다. 결론부터 말하자면 돼지풀이라는 이름은 돼지풀의 영어 이름 hog weed를 일본에서 돈초(豚草)로 바꾸어 붙인 이름을 그대로 우리말로 번역한 이름이라고 한다. 겉모습을 보면 돼지와는 전혀 연관성이 없는 모양인데, 왜 그렇게 붙였는지 도무지 알 수가 없다.

현재 이 식물은 우리나라에서 생태계 교란 외래종으로 지정되어 있다. 다른 식물들이 자기네 터전으로 들어오거나 씨가 발아하는 것을 억제하

돼지풀 군락

는 타감작용(他感作用)을 하기도 하고, 잎에 쓴맛이 강해 초식동물이 기피할 뿐 아니라 우리나라에 들어온 지 얼마 안 되었지만 전국적으로 퍼져나가 생태계를 위협한다는 이유에서 지정된 것이다. 게다가 꽃가루는 알레르기를 일으키는 원인을 제공해 돼지풀의 꽃이 피는 시기에는 눈이 충혈되고 콧물이 심하게 나는 등 사람들에게 많은 고통을 주기도 한다. 이른 아침 집 근처 하천 주변을 산책하다 보면 잎에 노랗게 꽃가루가 붙어 있을 지경이니 얼마나 많이 분산되는지 상상할 수 있다.

돼지풀은 높이가 1미터 정도까지 자라고 가지를 많이 치며, 전체에 짧고 강한 털이 빽빽하게 있어 보기에도 혐오스럽다. 잎은 2~3차례 깊게 갈라지는데, 이 모양이 마치 쑥속(*Artemisia*) 식물의 잎과 비슷하다 하여 종소명도 *artemisiifolia*가 되었다. 잎의 앞뒤 면에 털이 많이 분포하며 뒷면은 약간 회색빛이 돈다. 꽃은 원줄기와 가지 끝에 뭉치처럼 달리며 암수 꽃이 따로 피는데, 꽃 하나가 두화 형태인 암꽃은 수상꽃차례로 달린 수꽃 뭉치 아래에 있다. 수꽃은 대부분 10~15송이 꽃이 두화 형태를 이루며 모두 관상화이다.

우리나라에서 자라는 돼지풀속(屬) 식물에는 돼지풀, 단풍잎돼지풀, 둥근잎돼지풀 등 3종류가 있다. 단풍잎돼지풀은 잎이 단풍잎처럼 3~5갈래로 갈라져 돼지풀과 차이가 있고, 둥근잎돼지풀은 단풍잎돼지풀의 품종으로 잎이 갈라지지 않는다. 돼지풀은 지방에서 '두드러기풀' 또는 '쑥잎풀'이라 부른다.

요즘은 생태계 교란 외래종을 없애기 위해 지자체별로 주기적인 제거 활동을 벌이고 있다. 강원도의 경우 돼지풀, 단풍잎돼지풀, 가시박, 미국쑥부쟁이, 애기수영 등 생태계 교란 외래식물을 제거하기 위해 투입한 예산만 해도 지난 3년간 54억 원이 넘어섰으며, 해마다 예산이 늘어나고 있다. 또 어떤 군부대에서는 매주 토요일을 막사 주변 귀화식물 제거의 날로 지정하여 활동한 뒤에 그 결과를 홍보하는 것을 보았다. 비록 우리나라에 분포하는 외래식물 전체를 없애는 것이 불가능하고, 이미 자연

돼지풀 잎

돼지풀 꽃줄기

돼지풀 꽃

단풍잎돼지풀

의 일부 구성원처럼 되었다고 해도, 이런 활동들이 왜 필요한지를 알리는 것만으로도 우리나라 자연 자원의 보전과 관리를 위해 중요한 일이다. 습지 근처로 방동사니가 보인다.

59

독특한 향기와 줄기가 세모진 방동사니

갈대와 억새처럼 훤칠한 키에 평가도 좋다면 스스로를 알리기에 얼마나 좋을까? 전국에서 벌어지는 억새꽃 축제만 보더라도 앞다투어 자기 고장을 내세우려고 온갖 행사를 준비한다. 상대적으로 갈대는 비교 대상이 되지 않을 정도다. 벼과(Gramineae)와 사초과(Cyperaceae) 식물들은 꽃이 화려하지 않고, 특별히 보여줄 것이 없어도 들이나 밭 주변 지역을 꿋꿋하게 지켜주는 버팀목 같은 존재다. 물론 억새나 갈대처럼 축제나 철새 도래지로 유명한 곳을 설명하는 데 좋은 예가 되지만, 이를 제외한 많은 분류군은 그렇지 못하다.

이 중 가장 흔한 것을 추천하라면 사초과의 '방동사니'가 아닐까 한다. 줄기를 만져보면 희한한 향기가 나고, 줄기 끝에 수염 같은 긴 잎이 달려 있는 식물이다. 또 세모진 줄기가 뚜렷한 특징은 벼과와 사초과 식물을 구별하는 중요한 형질이기도 하다. 이참에 두 과의 차이점을 알아보자.

방동사니 군락

사초과는 모두 초본이며, 줄기에 마디가 거의 없고 속이 꽉 들어차 있으며 횡단면은 삼각형이다. 잎은 3줄로 붙어나며 잎 밑부분의 잎싸개는 닫혀 있고 잎혀라는 엽설이 없다. 꽃은 1개의 포가 둘러싸며 꽃잎의 흔적이 없다. 열매는 씨방 하나에 씨가 1개 있는 수과이다. 전 세계에 약 4000여 종이 주로 온대지역의 습한 곳에 분포하는데, 사초속(*Carex*)이나 방동사니속(*Cyperus*) 식물들이 많다.

이와 달리, 화본과라고도 하는 벼과는 속씨식물 중 많은 분류군이 포함되어 있는 과의 하나로 초본 또는 드물게 목본이며, 마디가 뚜렷하고 횡단면은 둥글다. 잎은 2줄로 달리고 잎싸개는 대부분 열려 있으며 엽설이 있다. 꽃은 2개의 포가 둘러싸고 꽃잎의 흔적이 남아 있으며, 열매는 껍질이 막질이고 종자 껍질은 열매와 융합되어 있는 영과이다. 전 세계에 500속의 약 1만여 종이 있는데 기장속(*Panicum*), 포아풀속(*Poa*), 그령속(*Eragrostis*)에 많은 종이 포함되어 있다.

한편 사초과는 쓰임새가 다양하지 않지만, 벼과는 식용, 산업용, 약용 등 쓰임새가 다양하다. 쌀, 보리, 밀, 옥수수, 귀리, 대나무, 옥수수, 잔디 등이 대표적이다. 이처럼 두 과는 뚜렷한 형태적 차이가 있음에도 꽃잎이 없고 생육지가 비슷해 식물 이름을 정확히 알아내는 데 애를 먹인다.

방동사니의 학명은 *Cyperus amuricus*이다. 속명 *Cyperus*는 방동사니의 고대 그리스 이름 cypeiros에서 유래했고, 종소명 *amuricus*는 아무르 지방에 자란다는 뜻이다. 방동사니의 우리 이름 어원은 명확하지 않은데 경상도 지역에서 소꿉놀이를 뜻하는 '방두깨비'라는 말에서 유래하였다는 의견이 있다.

우리나라에서 볼 수 있는 방동사니속(屬) 식물은 21종류가 있고, 형태적으로 가까운 종은

방동사니 어린줄기

방동사니 꽃차례와 포

방동사니 꽃

금방동사니로, 꽃차례가 한 번 더 갈라지고 인편이 연한 노란색 또는 노란빛을 띤 갈색이라는 점이 방동사니와 차이가 있다. 방동사니는 지방에서 '검정방동산이', '방동산이', '차방동사니', '큰차방동사니'라 부르기도 하고, 꽃줄기와 잎은 가래를 없애는 약으로 사용하기도 한다.

어릴 때 방동사니를 밭둑의 잡초라고 하여 눈에 띄는 대로 뽑아내던 때가 있었다. 심어놓은 작물을 아무리 특별한 장치로 보호한다 해도 조금만 빈틈이 보이면 방동사니나 쇠비름 같은 것들이 기다렸다는 듯 일제히 모습을 드러내곤 했다. 그 때문인지 아직까지도 잡초라는 누명에서 벗어나지 못하고 있다. 그래도 밭이나 논 주변 습지에서 항상 볼 수 있으니 추억의 식물처럼 생각하면 어떨까. 저 멀리 논 가운데 미국가막사리가 보인다.

60

경작지의 불청객 미국가막사리

부지런한 농부의 논과 밭은 항상 깨끗하게 마련이다. 잘 정리된 곡식들과 잡초 하나 없이 민낯처럼 보이는 밭고랑은 그가 얼마나 열심히 일했는가를 보여주는 척도처럼 여겨진다. 논농사의 경우도 요즘은 유기농법으로 재배한 쌀이 각광받고 있지만, 제초제가 개발되기 이전에는 논에서 직접 잡초를 제거하는 모습을 쉽게 볼 수 있었다. 허리를 구부리고 한 손 가득 잡초를 뽑은 후에야 허리를 한 번 펴니, 농사가 얼마나 힘든지는 두말하면 잔소리다. 논의 잡초는 대부분 '피' 종류가 많았다. 이 중에는 특히 돌피가 가장 흔했는데, 벼과 식물이므로 이삭 하나에 맺는 씨앗의 수가 많아 제때 뽑지 않으면 논에 벼가 아닌 피가 한가득이어서

돌피

미국가막사리 군락

그나마 영양분으로 준 비료도 이들의 차지가 되었다. 잡초를 제거해야 한다는 의미의 '피살이'라는 말도 여기에서 나온 듯하다.

하지만 제초제가 나온 뒤에는 상황이 달라졌다. 흔하게 보이던 피 종류는 줄어들고 쌍떡잎식물 중 '미국가막사리' 같은 습지식물이 새로 등장했다. 논에서 피살이하는 모습은 사라졌지만 잘 자라는 벼 포기 사이에 넓적한 잎과 동전만 한 크기의 해바라기 꽃을 닮은 미국가막사리가 해마다 늘어나기 시작했다. 또 가을 수확기에는 고개 숙인 벼이삭 위로 건장한 줄기가 올라와 황금 벌판의 색깔을 뒤바꾸는 불청객이 되고 말았다. 농사에 도움이 되지 않는 식물이다.

미국가막사리의 줄기는 네모지고 겉은 진한 자주색을 띠어 근처의 다른 종류와 쉽게 구별된다. 학명에도 특징이 나타나는데 속명 *Bidens*는 '2개'를 뜻하는 라틴어 bi와 '이빨'을 의미하는 dens의 합성어로, 열매인 수과(瘦果)의 관모 끝에 붙어 있는 아래를 향한 2개의 강한 가시를 표현한 것이다. 종소명 *frondosa*는 잎이 넓다는 뜻으로, 두화에 분포하는 6~10개의 총포 조각이 넓다는 것을 표현한 것 같다.

열매에 가시가 있어 논길을 걷거나 습지를 걷고 나면 옷 표면에 잔뜩 붙은 씨앗을 떼어 내는 것이 일상이 되었고, 그나마 끝부분이 남아 있으면 며칠을 고생했던 기억이 있다.

가을에 피는 꽃은 줄기 위쪽에서 나온 긴 꽃자루 가지에 여러 송이가 달려 원추꽃차례를 이루며, 노란색의 두화에 통상화와 설상화가 함께 있다. 미국가막사리라는 우리 이름은 미국 원산의 가막사리라는 뜻이다. 우리나라에서 자라는 도깨비바늘속(*Bidens*) 식물에는 도깨비바늘, 가막사리, 구와가막사리 등 7종류가 있다. 미국가막사리와 형태적으로 비슷한 가막사리는 줄기가 녹색이고 우상복엽의 끝부분 잎에 잎자루가 없으며, 꽃은 관상화로만 되어 있어 미국가막사리와 구별된다. 구와가막사리는 잎이 깊게 갈라지고 잎자루에 날

미국가막사리 잎

미국가막사리 꽃

미국가막사리 열매

가막사리 줄기

개가 있으며, 두화에 12~14장의 총포가 있어 다르다.

미국가막사리는 오염 물질이 많은 도심 주변 하천이나 물이 고여 있는 연못 근처에서 쉽게 볼 수 있다. 1970년대까지만 해도 이 식물은 주로 우리나라 남쪽지방에서 자랐지만 이제는 전국적으로 분포하는 습지식물이 되었다. 씨앗의 강한 털과 물을 이용한 퍼짐으로 빠르게 삶의 터전을 넓혀 나간 대표적인 외래식물이라 할 수 있다. 주변에 끈적거림의 대표, 털진득찰이 보인다.

도깨비바늘 군락

도깨비바늘 줄기와 잎

도깨비바늘 꽃

도깨비바늘 열매

61

끈적거림의 대표 털진득찰

예전 텔레비전 프로그램 중에서 눈을 가리고 상자 속에 들어 있는 물건의 이름을 알아맞히는 오락 프로그램이 있었다. 살아 있는 생물이 아니라면 특별히 거부반응이 없겠지만 진행자는 가끔 미꾸라지나 작은 곤충처럼 살아 있는 생물을 넣어놓고 출연자들을 골탕을 먹이기도 했다. 오직 손에 느끼는 감각만으로 이름을 추측해야 하는데, 갑자기 손에 움직이는 물체가 잡히면 얼마나 놀랄지, 말 그대로 혼비백산하는 광경이 그대로 방영되어 가학적이라는 논란이 있었다.

식물을 채집하다가도 이런 느낌 때문에 등골이 오싹해지는 경우가 있다. 투명한 털이 가시같이 찌르는 쐐기풀을 만졌을 때 벌에 쏘인 듯한 통증에 깜짝 놀라는 정도이지만, '털진득찰'처럼 끈적끈적한 분비털, 즉 선모(腺毛)를 만지면 해파리를 만졌을 때처럼 물컹함과 끈적거리는 느낌이 동시에 들어 머리털이 쭈뼛 서고 등골이 오싹해진다. 특히 경작지나 숲 가

털진득찰 군락

장자리를 헤치고 다닌 후 옷에 붙어 따라온 털진득찰의 총포(總苞) 조각은 솔직히 손으로 떼어내기도 싫을 정도다. 모자로 옷을 털어내도 잘 떨어지지 않아 결국 손으로 일일이 떼어내야 하는데 그 끈적거리는 느낌이 좋지 않기 때문이다.

털진득찰은 한해살이풀로 밭둑이나 초지에서 주로 볼 수 있다. 키도 크게 자라고 가지가 많이 갈라지며 특히 줄기 위쪽에 털이 가득 퍼져 지상부 전체가 흰색으로 보일 지경이다. 달걀 모양 또는 달걀을 닮은 삼각형 모양의 잎은 끝이 뾰족하지만 밑부분은 갑자기 좁아져 긴 잎자루처럼 되며, 잎 가장자리에는 불규칙한 톱니가 있다. 뒷면 아래쪽에는 큰 맥이 3개 있고 맥 위에 긴 털이 붙어 있다. 가을에 만나는 노란색 꽃에 1센티미터가량인 선 모양의 총포 조각 5장이 둘러싸고 있다. 설상화는 암꽃으로만 이루어졌고, 통상화는 암술과 수술이 모두 있어 열매를 맺는다.

털진득찰 줄기와 잎

털진득찰 꽃

털진득찰의 학명은 *Sigesbeckia pubescens*이다. 속명 *Sigesbeckia*는 러시아의 식물학자 시에게스벡(John Georg Siegesbeck, 1686~1755)의 이름에서 유래하였으며, 종소명 *pubescens*는 가늘고 부드러운 털이 있다는 의미이다. 털진득찰이란 우리 이름은 털이 있는 진득찰이란 뜻이다.

우리나라에서 볼 수 있는 진득찰속(屬) 식물에는 진득찰, 털진득찰, 제주진득찰 등 3종류가 있는데, 진득찰은 전체에 잔털이 있고 꽃줄기에 선모가 없으며 열매 길이는 2밀리미터로 짧다. 제주진득찰은 줄기의 가지가 크게 2개로 나뉘고 잎 아랫부분이 불규칙하게 갈라져 털진득찰과는 차이가 있다. 민간에서는 털진득찰을 '점호채' 라고 부르기도 하며, 어린순은 나물로 이용한다.

진득찰

얼마 전 방송에서 털진득찰에 대한 반가운 소식을 전해 들었다. 몇 년 동안 근무했던 농촌진흥청 국립식량과학원의 한 기관에서, 털진득찰에서 분리한 키레놀(Kirenol)이라는 성분이 혈관을 이완시키는 작용을 하여 고혈압 등의 질병 예방에 효과가 있음을 실험을 통해 밝혀냈다는 것이다. 우리나라 국민 사망률의 23.5퍼센트 정도가 순환기계 질환이며, 특히 중년 이상의 성인 중 70세 이상의 남자는 43퍼센트, 여자는 50퍼센트 이상이 고혈압을 앓고 있다고 한다. 그런데 이 병을 예방하는 데 털진득찰이 중요한 식물임이 증명된 셈이다. 잡초로만 생각했던 식물이 병을 예방할 수 있는 생리 활성 물질을 다량 함유하고 있다니, 놀라울 따름이다.

털진득찰은 꽃줄기나 꽃 부분에 붙어 있는 분비 털 때문에 미움을 받지만, 종자 산포를 위해 나름대로 진화한 특징으로 보인다. 물론 다른 특징이었으면 더 좋았을 텐데 하는 아쉬움이 있지만 말이다. 근처에 흰색 꽃이 보기 좋은 미국쑥부쟁이가 있다.

62

가을바람과 꽃이 잘 어울리는 미국쑥부쟁이

계절은 거짓말을 못 한다고 한다. 한여름일 때는 언제쯤 선선하고 시원한 바람을 만날 수 있을까 기다려지지만, 입추가 지나면 주변은 이내 가을 분위기로 접어든다. 그러나 가을을 보내고 겨울이 오면 춥다는 핑계로 더웠던 한여름을 다시 그리워하는 간사한 속마음을 갖는 것은 인지상정인가 보다.

식물은 어떨까? 어찌 보면 동물보다 훨씬 더 지혜가 넘치는 것 같다. 동물은 움직일 수 있으니 때에 따라 필요한 곳으로 이동하면 그만이지만 식물은 그러지 못하기에 변화하는 기후에 적응해야 하는 필연적인 삶을 살아야 한다. 그래도 다행스러운 것은 그런 변화에 대한 식물의 내부 반응이 아주 신속하고 정확하다는 것이다. 그래서 봄 식물이 있고 가을 식물이 있는 것이 아닌가 싶다.

진달래, 산수유, 냉이 등이 봄 식물이라면, 가을의 대표는 국화과(科) 식

미국쑥부쟁이 군락

물이라 할 수 있다. 다른 과에 비해 상대적으로 많은 종류의 꽃이 이때 피기 때문이다. 그중에서도 집 근처에서 단연 돋보이는 것은 '미국쑥부쟁이'다. 이 종은 북아메리카에서 들어와 강원도의 북한강 주변에 생활 터전을 잡은 후 강물을 따라서 하류지역으로, 씨앗은 바람을 타고 전국 방방곡곡을 누벼 이제는 전국적으로 분포하는 식물이 되었다. 그 때문인지 최근에는 생태계 교란 외래식물로 낙인찍혔다. 꽃이 피어 있는 군락을 멀리서 보면 하얀 눈송이가 소복이 내려앉은 것 같은 느낌을 주고, 숲속을 제외한 빈터나 노출된 공간이면 여지없이 볼 수 있는 친근한 식물이지만 말이다.

미국쑥부쟁이는 여러해살이풀이며 우리나라에 외래식물로 도입된 시기가 1964년 이후로 비교적 최근인데도 분포 지역이나 개체 수가 급속도로 늘어나 문제가 되는 종류다. 내가 경험한 바로도 1년에 몇 번 정도 다녀오는 인근 산의 등산로 주변에서 몇 년 전만 해도 어쩌다 한두 개체를 만날 수 있었지만, 요즘은 주변 전체가 흰색 꽃으로 뒤덮일 정도로 개체 수가 늘어났고, 이 중 가장 멋있는 군락지는 사진을 찍는 명소가 되어버릴 정도가 되었다.

미국쑥부쟁이는 줄기가 1미터가량 자라는데 밑부분은 나무처럼 목질화

1 미국쑥부쟁이 줄기와 꽃차례 2 미국쑥부쟁이 줄기와 잎
3 미국쑥부쟁이 꽃 4 미국쑥부쟁이 열매

가 되어 딱딱하고 끝부분은 약간 기울어져 자라며, 길고 부드러운 흰색 털이 줄기 전체에 난다. 줄기는 여러 개가 한꺼번에 나와 뭉쳐나듯 자라고 작은 가지가 많아 풍성해 보인다.

두화를 이루는 꽃에서 가장자리에 나 있는 설상화는 흰색 또는 연한 자주색으로 피고, 가운데 놓여 있는 통상화는 노란색이라 색깔이 아주 조화롭다. 꽃 아래는 3층으로 된 총포가 받치고 있으며 가장 바깥쪽 것은 뒤로 젖혀지고 안쪽의 두 층은 곧게 자라 특이한 모양이다. 열매 수과(瘦果)는 표면에 털이 있고 끝에 붙어 있는 관모는 흰색이다.

학명은 *Aster pilosus*이다. 속명 *Aster*는 '별'을 뜻하는 그리스어 aster에서 유래하여 방사상인 두화의 모양을 표현한 것이며, 종소명 *pilosus*는 부드러운 털이 있다는 뜻이다. 미국쑥부쟁이란 우리 이름은 미국에서 들어온 쑥부쟁이의 한 종류라는 뜻이다. 우리나라에서 자라는 미국쑥부쟁이가 포함된 참취속(屬) 식물에는 잘 알려진 참취, 벌개미취 등을 포함해 19종류가 자란다.

미국쑥부쟁이 꽃이 피어 있는 곳을 걷다 보면 한 아름 꺾어 집 안을 장식하고 싶은 충동을 느낄 때가 많다. 작은 꽃이 소담하게 피고, 희고 노란 색깔이 묘한 매력을 품고 있어서일까? 길 건너편에 서양등골나물이 있다.

참취 (© 지성사)

벌개미취

63

순백의 꽃이 아름다운 서양등골나물

주말이면 가끔씩 식물 이름을 묻는 문자 메시지를 받곤 한다. 요란하게 찍어 보낸 사진과 더불어 궁금증 가득한 글도 몇 줄씩 포함되어 있다. 그 식물을 만난 장소와 시기 등 자세한 정보는 물론이요, 근처에 어떤 종류가 함께 살고 있는지까지도 쓰여 있다. 얼마나 궁금했으면 이렇게 자세한 설명까지 곁들어 보냈을까에 생각이 미치면 잠시도 지체할 겨를 없이 빨리 답장을 보내야겠다고 마음먹는다.

어느 날, 친근한 전화번호에 이내 사진 몇 장이 문자 메시지로 날아왔다. 아름다운 흰색 꽃이 만개한 군락과 꽃을 근접 촬영한 사진이었다. 부부가 서울 도봉산을 오르다가 길가에 피어 있는 꽃을 보고 이름이 궁금하여 보낸다는 것이었다. 생물학을 전공했으니 적어도 기본적인 식물의 이름은 알아야 하는데, 왜 그렇지 못하냐는 핀잔을 이럴 때마다 들어야 한다는 농담 섞인 문장도 함께 말이다. 보내온 사진을 보니 그 식물은 북아

서양등골나물 군락

서양등골나물

메리카 원산의 귀화식물로 '사근초'라고도 부르는 '서양등골나물'이었다. 요즘 서울을 중심으로 가을에 흰색 꽃이 피는 초본 종류는 거의 다 이 식물이라 해도 과언이 아닐 정도로 많이 보인다.

이 식물의 높이는 어른 손 한 뼘 정도부터 1미터가 넘는 것까지 다양하고 줄기에 털이 있다. 잎은 마주나 달리고 잎자루가 긴 것이 특징으로, 모양은 달걀처럼 생겼으며 가장자리에 거칠고 뾰족한 톱니가 있다. 꽃 뭉치인 두화(頭花)는 흰색으로 가지나 줄기 끝에 모여 달리고 15~25송이의 통상화로만 이루어졌으며, 순백색의 꽃 뭉치는 눈송이를 닮

서양등골나물 잎

서양등골나물 꽃 (© 지성사)

았다.

서양등골나물의 학명은 *Eupatorium rugosum*이다. 속명 *Eupatorium*은 기원전 132~63년 소아시아의 유파토르(Mithridates Eupator)라는 사람을 기념하기 위해 붙였으며, 종소명 *rugosum*은 주름이 있다는 의미이다. 서양등골나물이라는 우리 이름은 서양에서 들어온 등골나물의 일종이라는 뜻이다. 우리나라에서 자라는 등골나물속(屬) 식물에는 등골나물, 서양등골나물 등 7종류 정도가 있다. 이 중 서양등골나물과 비슷한 등골나물은 잎자루가 짧고 잎 모양이 긴 타원형 또는 타원형이어서 구별된다. 민간에서는 등골나물 종류의 식물체 전체를 짓찧어 뱀에 물렸을 때 상처 난 곳에 붙여 독을 제거하는 데 쓴다고 한다.

몇 년 전 대학 입학 논술 시험을 치르는 아이를 시험장에 들여보낸 뒤에

등골나물

대학 안에 조성된 산책로를 걷다가 숲 가장자리를 뒤덮고 있는 서양등골나물을 본 적이 있다. 비록 생태계 교란 외래식물로 지정되어 있지만 순백색의 꽃은 아이가 부디 시험을 잘 치르게 해달라고 기도하는 마음을 잊게 할 정도로, 그 화려함에 마음을 빼앗겼던 기억이 있다.

원고를 쓰면서 필요한 사진을 정리하다 보니 애석하게도 서양등골나물 사진이 한 장도 없었다. 서울 근교에서 주로 자라기 때문이기도 하겠지만 그동안의 게으름이 주된 원인이라는 생각도 들었다.

그래서 집에 다니러 서울에서 내려온 아이에게 서양등골나물에 대한 특징과 대학 입시 때의 기억을 이야기해주면서 사진을 몇 장 찍어 보내달라고 부탁했다. 대학생이지만 식물이라곤 민들레도 모르는 아이에게 그런 부탁을 하는 것이 다소 무리인 듯했지만, 안 되면 사진을 찍으러 직접 가야겠다는 생각으로 큰 기대는 하지 않았다. 그런데 이틀이 지나 휴대전화에 사진 몇 장이 도착했다. 캠퍼스의 숲속 안쪽이나 길 옆의 작은 빈터, 또는 햇빛이 비치는 곳이라면 어느 장소에서든 서양등골나물을 볼 수 있다는 것이다. 아이가 여기저기 돌아다니며 서양등골나물을 찾아 사진을 찍어 보내준 것이 고맙고 기특하기는 했지만, 생태계 교란 외래식물인 서양등골나물의 분포 지역이 그렇게 넓어졌다는 것이 못내 씁쓸했다. 화려함 뒤에 숨어 있는 아쉬움이 있는 식물이다.

참고문헌

국립수목원, 한국식물분류학회. 2007. 국가표준식물목록. 국립수목원, 포천.

박수현. 2009. 세밀화와 사진으로 보는 한국의 귀화식물. 일조각, 서울.

안덕균. 2003. 원색 한국 본초도감. 교학사, 서울.

유기억, 홍정윤. 2012. 솟은땅 너른땅의 풀나무. 지성사, 서울.

유기억, 장수길. 2013. 특징으로 보는 한반도제비꽃. 지성사, 서울.

이영노. 2006. 새로운 한국 식물도감. 교학사, 서울.

이우철. 1996. 한국 식물 명고. 아카데미서적, 서울.

이우철. 1996. 원색 한국 기준 식물도감. 아카데미서적, 서울.

이우철. 2005. 한국 식물명의 유래. 일조각, 서울.

이유미, 박수현, 정수영, 오승환, 양종철. 2011. 한국 내 귀화식물의 현황과 고찰. 한국식물분류학회지 41(1): 87-101.

이창복. 2003. 원색 대한 식물도감. 향문사, 서울.

Flora of Korea Editorial Committee. 2007. The genera of Vascular Plants of Korea. Academy Publish. Co., Seoul.

찾아보기

··· ㄱ

… ㅇ

… ㅈ

… ㅊ

… ㅋ

··· ㅌ

··· ㅍ

··· ㅎ